林宥君 ✤ 創意食趣
手作糖果全書
Handmade Candy

尋味在地的濃情蜜意　70 款觸動味蕾的香甜滋味

人氣糖果名師
林宥君——著

COMMEND

宥君畢業於屏東科技大學技職教育研究所，現任樹德科大餐旅與烘焙管理系專技副教授，身為老師雖然平日教學備課佔去許多時間，但他隨時提醒自己在專業領域上，要永遠謹記「業精於勤、荒於嬉」、「不進則退」，只有不斷精益求精，累積學習經驗，才能把專業的實務及學理與學子分享、彼此切磋。2015年6月與樹德科技大學學生薛宜筠參加第四屆「安琪酵母盃」中華發酵麵食大賽，拿下團體賽銀獎。2016年10月獲得韓國「2016WACS韓國奧林匹克餐飲大賽」個人賽「蛋糕裝飾」組銀獎，讓台灣餐飲之光，站上世界舞台。

除了個人技藝提升，參加國際比賽屢獲佳績之外，他也很樂於把自己的經驗和產品藉由出版與朋友跟學生分享，他精通烘焙食品、中式麵食、米食、伴手禮、糖果與蛋糕裝飾，是個多才多藝的老師。對於糖果更是精心研究多年，把其累積的經驗分享大家，真是不可多得。

這本書中規劃：新食口感糖飴菓子、味蕾甜滿軟Q糖飴、人氣夯物乳加奶糖、在地名物特色糖飴等四大單元，其中又包含糖飴菓子、奶糖酥；膠體軟糖、澱粉軟糖；牛奶糖、牛軋糖；貢糖&花生糖、酥糖&花米糖等，各式多樣化的產品，提供讀者很多學習與製作糖果的方向與視野。

一本好書擁有之後，利用書上提供的配方多多演練，然後做出同樣等級的產品，必可提升技術、充實研發創新的能力，若學得其中精華必能做出可口的糖果點心，暢銷於市集。

中華穀類食品工業技術研究所
所長 施坤河

2

新舊傳承的食藝之美

回想起當初入行，跟老師傅們從年頭忙到年尾那段「無所不學」的歲月，無論年節糖果、節日喜慶糕餅，或是地方特色的伴手產品，那段學藝的紮實鍛鍊，雖說辛苦，不過，卻也因為一路有師傅經驗技術傳授，才能造就我今日既有的手藝底子，也讓我深刻體認到技藝傳承的重要性。

踏入烘焙這塊領域算算至今也有30多年，從早期的糕餅生產製作師傅，到現在轉為糕點技術的指導者，儘管扮演的角色與服務對象不同，但自始不變的是對於在地糕點持續綻放的情感和熱忱。

這本糖果書的出版，最主要的是想讓大家能更容易接近手工糖果技藝，也因此書中收錄了我一路走來研發與所學的糖果技藝與相關知識，除了結合在地食材特性，也就新的手法技藝融合新創，相信大家很容易能在自己動手中獲得滿滿的成就感。

很慶幸自己能學得在地糕點的技藝，希望經由傳統技藝的帶動，能傳達出一種蘊涵深厚生活文化的食藝之美，更期望藉由這樣的參與推動，能把我對在地糕點的情感傳遞給各位，也能讓更多的年輕世代，對源於傳統年節與習俗的糕餅之豐富文化能有更深入了解，進而能完整的傳承延續。在地飲食文化的延續與發展需要你我的共同努力，美好的飲食文化應不斷薪火相傳，希望我們一起能為在地糕點的文化傳承盡最大的心力。

樹德科技大學 餐旅與烘焙管理系

專技副教授　林宥君

｜目次｜

CANDY 4
在地名物特色糖飴

繽紛香甜的寶石！
夢幻珠寶盒的
糖果世界

看似小小一粒的糖果，經由形成前的基本煮糖溫度及製作變化，
做成的種類千奇百種！
以砂糖熬煮，凝聚香甜滋味的糖果是菓子類屬之一，
本書由煮糖溫度及製法上的差異分類開始，
帶您認識各種糖果的特性，一探繽紛香甜的糖果世界！

糖 果 的 種 類

- **膠體軟糖**。使用明膠、果膠、或洋菜等具膠凝特性膠體製成的軟糖。因種類的不同，形成的凝結性有所不同，洋菜製品透明度好、延伸性差，具有彈性、韌性；明膠製品彈性和韌性強，透明度高。明膠軟糖的軟硬度與明膠與水分、糖分的比例有決大的關係，明膠多口感較Q硬，明膠少相對較柔軟。

- **澱粉軟糖**。除了膠體，澱粉也是軟糖常用的添加材料，像是玉米粉、太白粉、馬鈴薯粉等。澱粉軟糖，質地膠黏，延伸性好、透明度差，柔軟、帶有彈性和韌性、易化口，缺點是易變形、也容易有發黏的情況。

- **牛奶糖**。為半軟糖的類型。乳化、高溫熬煮後形成的特殊焦香風味為一大特色，成形的製品質地細膩、滑潤、軟硬適中，易咀嚼，且因含大量油脂、乳脂成品帶有光亮的色澤。

- **牛軋糖**。牛軋糖源於「Nougat」音譯而來。牛軋糖又稱「蛋白糖」、「鳥結糖」，兩者皆以打發蛋白為底，但依主體用料與製法的不同，口感有別。西式牛軋糖以蜂蜜、葡萄糖高溫熬煮為特色，不添加奶油與奶粉，水分較多，組織鬆軟，口感較軟，甜度高，不易成形；相較於西式，中式牛軋糖的糖漿以麥芽糖為主體，並添加乳脂、奶油、奶粉成分，組織柔軟，成品口感富Q勁，帶濃郁奶香為特色。

- **酥糖**。多搭配含量高的堅果類，色澤黃亮透明，質地堅實而帶酥脆性、入口酥脆、香甜不油膩、好咀嚼不黏牙。

- **硬糖**。主要成分為砂糖和澱粉糖漿。糖類基質熬煮到水分含量6％以內的硬質糖果，水分含量低，保存期限長，質地較脆硬，色澤光亮透明，如一般的水果糖、硬糖。

手作糖果的基本材料

01 **傳統麥芽**。琥珀色糖膏狀，帶有特殊香氣，可增添製品的色澤及風味，適用花生糖、核桃糕等製品。

02 **精緻麥芽**。無色透明，甜味比蔗糖低，糖果製作的基底，有防止澱粉老化及保濕效果，適用牛軋糖、米果等製品。

03 **麥芽水飴**。無色透明狀，與精緻麥芽類似，差別在於含量水為20-30%，適用牛軋糖、米果等製品。

04 **細砂糖**。顆粒細緻，常用在烘焙等糕點的製作。

05 **海藻糖**。甜味溫和、保濕性高，可代替砂糖與其他甜味材料搭配。

06 **糖粉**。粉末細緻，有防潮及防止糖粒結塊的特點，作為材料使用外，也常用於點心裝飾。

07 **黑糖**。呈淡棕色，香氣特別，多用於獨特風味、顏色較深的製品。

08 **麥芽糖粉**。耐熬煮不易焦化、甜度低，常與砂糖搭配製作糖果，可使製品保有透明理想色澤。

09 **蜂蜜**。花粉中提煉出的濃稠糖漿，用在製品中可提升風味、色澤及保濕性。

10 **黑糖蜜**。黑糖煉製成的，濃郁香醇，帶有特殊芳香，可沖泡飲用或運用各式甜品。

11 **楓糖漿**。取自楓樹樹液製成的天然甜味劑，甜度低，富含礦物質，具有獨特的香氣與風味。

12 轉化糖漿。酵素水解精煉成，成分近似蜂蜜，兼具蜂蜜的風味和效果，可抑制糖分結晶，保濕度好，能保持糕點的濕潤與光澤。

13 鮮奶油。從牛奶分離出來的液體乳脂肪，濃郁香醇，用於糕點可增添香氣風味。風味及濃醇度會因乳脂肪含量而有所差異。

14 煉乳。具濃醇奶香，是加了糖分帶有甜味的濃縮牛奶，與鮮奶相同可提升風味。

15 鮮奶。可增加糖果的奶香風味，增加濕潤、潤澤感。

16 蛋白霜粉。乾燥粉末，加水攪拌打發後即蛋白霜，可取代牛軋糖中的新鮮蛋白使用。

17 奶油。可使製成的糖果具有香味、光澤。

18 玉米粉。糖果製作中主要作為凝結，經拌打後可致使製品Q鬆。

19 寒天粉。從海藻類提煉製成，可作為糖果凝結材料使用，與砂糖一起使用，膠質黏度會更為濃稠。

20 吉利丁。Gelatin又名動物膠、明膠，可幫助膠質形成，有片狀、粉狀，融解溫度在50-60℃。吉利丁片使用前須先浸泡冰水中至軟化。吉利丁粉須先浸泡水中致使粉吸水膨脹後使用。

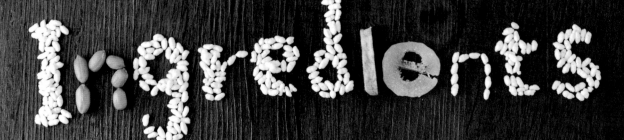

Ingredients

變化風味的果乾用料

紫芋條

核桃

山藥條

地瓜條

夏威夷豆

芒果乾

杏仁條

苦甜巧克力

芒果巧克力　　白巧克力

櫻花蝦

奇異果乾

葡萄乾

花生粒

杏仁豆

杏仁片

金棗蜜餞乾

蔓越莓乾

洛神花乾

南瓜子

小魚乾

抹茶粉

芒果粉

黑糖粉　　草莓粉

芋頭粉

哈蜜瓜粉

香蕉粉　　乾燥香蔥粉

海苔粉

烏豆沙

棗泥醬

可可粉

香蔥蘇打餅

黑芝麻　　花生粉

玉米脆片　　伯爵茶粉　　白芝麻

牛奶餅乾

方便好用的基本器具

01 電子秤。量秤材料的份量,使用1g為單位的電子秤最方便使用。

02 量杯。量測少量的液態類材料,選用刻度明顯清楚的為佳。

03 量匙。量測少量的材料,容量5ml的為「1小匙」、15ml的為「1大匙」。

04 打蛋器。製作混合材料,或打發時必備,可搭配剛好符合攪拌盆大小的尺寸。

05 鋼盆。攪拌、混合或隔水加熱作業使用。

06 攪拌機。攪拌打發蛋白等,多段式變速可快速攪拌、打發混合。

07 深鍋(鐵弗龍鍋)。熬煮糖漿使用較不易燒焦、黏鍋,也可選用導熱性佳的銅鍋,或大理石不沾鍋。

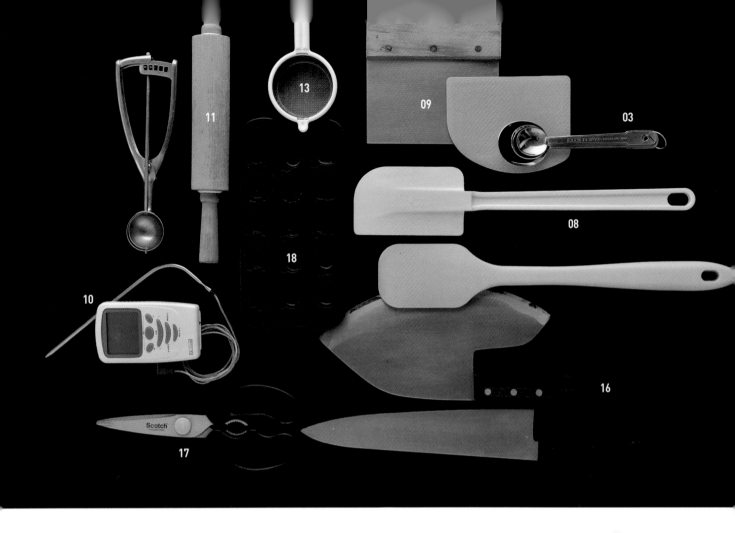

08 橡皮刮刀。耐熱性材質的橡皮刮刀，適用於拌煮糖漿。

09 刮板、刮刀。壓拌混合、分割，或集中沾附容器上的麵糊時非常好用。

10 溫度計。熬煮糖漿必備工具，可選用可以測量到200℃的溫度計。

11 擀麵棍。用來擀平、延壓糖團平整，造型整型操作使用。

12 烤焙布（紙）。為避免攪拌好的糖團沾黏，可鋪上烤焙布來壓拌操作。

13 網篩。過篩粉類使其質地均勻細緻，或用來篩灑表面的裝飾。

14 糖果盤／特製糖果盤。深度適中利於煮好的糖果拌合、壓盤等製作。市售有3斤、5斤的尺寸大小。

15 毛刷。用來沾取油脂塗刷模型防止沾黏，或醬料的塗刷。

16 專用裁糖刀。專為切糖設計的刀具，可以輕鬆的切製各式糖果。

17 剪刀。用來裁剪烤焙紙、材料使用。

18 造型模型。有各種不同的材質，製作高溫煮糖的糖果時，務必使用耐高溫的材質。

開始製作糖果之前

為了成功做出香甜可口的各式糖果，製作前務必先熟悉基本材料的處理與製作方法。

基本材料的處理

01｜粉類使用前要過篩

粉類容易因受潮而有結塊情形，過篩可去除結粒和雜質外，也能讓粉類飽含空氣，變得蓬鬆輕盈，能與基底的材料充分融合，不易形成結塊。不過會因放越久吸收的濕氣越多，所以篩粉的作業最好在準備工作的最後、或是要使用前再操作。

02｜奶油的事前準備

奶油冷凍保存的食材，要先放置室溫待回溫軟化後再使用，直接使用由於質地堅硬、低溫狀態不容易拌開，不容易與其他材料均勻融合，易有結塊的情形會影響品質。

03｜隔水加熱融化作業

為預防加熱過度、材料焦掉，需先融化成液態的食材，可用隔水加熱、或微波加熱的方式操作，像是巧克力、吉利丁等融點低的食材，若直接加熱易因加熱溫度過高而煮過頭，因此會以隔水加熱方式，利用水控制溫度，透過間接的加熱融化，避免加熱不當所成的燒焦情形。

04｜堅果、乾果烘烤後使用

添加糖果製作的堅果、乾果材料，要先烤過並保溫，如此能帶出堅果香氣外，同時也有利於拌合作業。堅果類烘烤，基本上是以上下火150℃，烘烤約15-25分鐘左右，不同堅果以及材料多寡，烘烤所需的時間會有差異，請視實際烤色判斷，將時間延長或縮短。烘烤途中需要稍翻動，避免烤焦，烘烤後的材料要保溫，避免在室溫下冷卻影響操作。

05｜澱粉、膠質材料的事前作業

膠質類的凝結材料，如吉利丁片、吉利丁粉、洋菜粉、寒天粉在使用前必須先與水混拌使其吸收膨脹後再才可使用，否則容易有結顆粒拌不勻，影響製品質地。至於澱粉類，如太白粉、玉米粉等，可事先與水攪拌融解，而由於澱粉水放久會有沉澱底部的現象，混拌的作業可在要使用前再操作。

06｜糖團的壓拌揉合作業

拌合堅果會在鋪有烤焙布的烤盤上進行，可避免將堅果打碎（可保留整顆堅果的香氣），但在揉拌時注意要戴上手套，避免糖團的溫度高燙到手。

◎糖果的壓拌混合

① 檯面鋪放烤焙布，倒入牛軋糖體稍壓拌。

② 再加入堅果揉製壓拌混合均勻。

③ 移置糖果盤中，就四邊攤展開。

④ 平整塑型，待稍定型，即可分切。

糖果的模具準備

01 | 糖果模型的選用

煮好的糖漿溫度非常高，隨著溫度的下降也會有開始凝固的現象，需立即倒入糖果盤、或造型模中塑型，也因此在開始製作前，一定要先將糖果模具，以及維持溫度的設備、材料都準備好。

使用的造型模型務必以具耐熱性的材質為佳。其他像牛軋糖、牛奶糖、酥糖等半硬質的糖果，則可選用現有的平底容器，較好分切，但使用前記得一定要塗刷一層奶油（或鋪上烤焙布、噴烤盤油），用量不必多，但每個會接觸到糖團的地方都要均勻塗刷到，這樣才不會沾黏。

02 | 糖果模型的事前作業

糖果盤、糖果模型除了各式各樣的材質外，也有各式不同的造型，適合不同的糖體使用，為了順利地塑型、製作成功，了解模具的特性及使用方式非常重要。

◎糖果盤的處理A——塗抹融化奶油

用來塗刷烤模內側的油脂，一般是使用奶油、液態油、噴烤盤油（或鋪塑膠袋）。

① 奶油用毛刷塗抹在模具內側（或鋪放裁好塑膠袋）。　② 倒入糖體、平整即可。

◎糖果盤的處理B——鋪放烤焙布

鋪在模具裡的烤焙布，一般是使用可重複使用的氟素樹脂加工的製品。

① 在平底的糖果盤中鋪放烤焙布。　② 倒入糖體就四邊均勻攤展開，不留縫隙。

◎糖果盤的處理C——鋪放烤焙紙

鋪在模具裡的紙，一般是使用烤烤紙、或白報紙。

① 量測出模型的長、寬、高尺寸，將烤焙紙標記出尺寸大小。　② 沿著邊線裁剪開四邊，鋪放入模型中折疊成型即可。

紙 的 裁 切 方 法

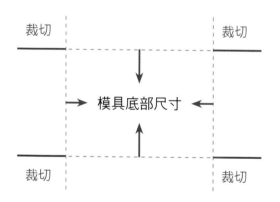

量測烤焙底紙時，可先量出烤模長、寬、高長度，在烤焙紙上標記出長、寬記號，記得四邊高的部分最好能略多出實際高的1-2cm長度，比如：高6cm的模型，烤焙紙可量到7cm，這樣就可以方便的拉取。

手作糖果的訣竅重點

煮糖漿的溫度不同，完成的製品就會有所差異，從煮糖漿開始，
循序漸進地教你製作的關鍵技巧，讓你掌握重點及技法，在家手製糖果零失敗。

糖漿的溫度

糖漿的溫度差異關係糖果的口感軟硬。糖加熱融化後水分會蒸發、糖度會變高，而隨著加熱時間愈長，水分蒸發愈多，產生的泡泡隨著變大、冒泡量越趨減少，糖液會變得濃稠（流動性低），糖漿顏色也會由淺黃逐漸轉變成褐黃，冷卻後的口感也有所不同。此時可做簡易檢測，將糖漿滴入冷水中，若能凝結、可捏成軟球狀，就表示糖漿的溫度已達製糖的溫度，完成的糖果會具有一定的硬度。

煮糖的變化式

煮糖漿時要用中小火熬煮，否則容易使糖漿泛黃，產生褐變導致有苦味。糖在加熱的過程中狀態的改變，每階段各有不同的特性，有不同的運用。季節氣候的變化也會導致煮糖漿的溫度有所差異，因此必須先就糖漿溫度的變化了解。

◎糖漿狀態的辨別法

溫度	糖漿狀態
100-110℃	糖漿舀起時呈稀狀（流動狀）
110-120℃	糖漿滴入冷水中呈現軟扁球狀
120-130℃	糖漿滴入冷水中呈現軟粒硬球狀
130-140℃	糖漿滴入冷水中呈脆質感硬粒狀
140-150℃	糖漿滴入冷水中呈脆質感立體硬球絲狀
155℃~	糖漿呈褐棕色，再熬煮高溫會帶有苦味且顏色焦黑，焦糖狀

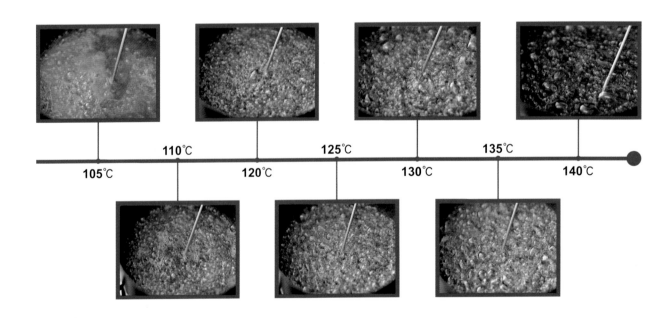

冰水測試法

熬煮糖漿的時間短，糖果口感柔軟，長時間溫度高，口感則偏硬；若是溫度不足或攪拌不足，則入口易黏牙。為了正確掌握糖漿的溫度，可準備能測高溫至200℃的溫度計來量測糖漿的溫度。

◎糖漿的確認法

舀取少許的糖漿滴入冷水中，若糖漿：

OK狀態。會凝聚，用手揉捏能凝結成球狀，表示溫度已達到。

NG狀態。瞬間會散開，不會結成顆粒狀，表示溫度還沒達到。

NG狀態。結成硬顆粒，表示煮過久溫度過高。

去除糖漿

煮糖漿時記得先準備好冰水，當溫度計或其他用具使用完後，立即插入冷水中，讓沾附上面的糖隨著水溶化，這樣事後的清洗也會較容易。

煮糖的判斷法

熬煮糖的過程中，隨著拌煮的時間，糖液的濃度會變得濃稠，流動性降低，此時可由鍋中的糖體流動的狀態來輔助判斷。

◎煮糖的判斷法

攪拌杓推動鍋底的糖團時，若鍋底的糖液：

OK狀態。能輕易推起成形糖漿，清晰可見鍋底，表示已達製糖溫度。

NG狀態。糖漿黏濕不易推起，表示還未達製溫度。

打發蛋白霜

書中製作牛軋糖加的蛋白霜，為「義式蛋白霜」打法。也就是在蛋白打發到一定的程度同時，加入煮到一定溫度的糖漿，再快速攪拌打發，此時的蛋白霜結構穩定不易消泡。

蛋白霜打發的程度關係著口感的好壞，過度或不足都會讓製品大受影響。蛋白霜打得過發氣泡粗糙，會讓製品沒有綿密細緻的口感；打得不夠結構鬆散，製品則會不好成形。而除了注意所有器具務必乾淨（不殘留油脂、水分）以利打發的操作外，加入的糖漿溫度要夠也是一大重點；另外在拌入添加材料時，記得要分次加入迅速拌勻（加入太快，易造成食材分布不均，影響成品的品質）。

糖果的塑型

熬煮好的糖漿，一定要趁溫度還沒下降時，立即倒入糖果模中塑型，否則一旦糖漿凝固就無法入模了。由於糖漿的溫度很高，因此用來塑型的模型，必須是耐高溫的材質。

糖果的分切

完成整型、凝固後的糖漿，在還沒有完全變涼前即可脫模，用糖果刀分切所需的大小形狀，而因特製的彎刀設計較好施力，相較一般刀子能切出形好的糖果，也較好操作。切製時若質地過於柔軟不好切的話，可先稍冷藏，待質地變得稍硬就會比較好分切，但要注意一旦冷藏過的糖體則易有出水軟化，產生黏液的情況。

◎糖果整型

① 趁著還沒冷卻前，從邊角開始展延攤開。

② 以刮板壓平整型（或擀麵棍擀壓）。

③ 待稍降溫（避免因擠壓而變形），再分切成型。

◎糖果分切

① 量測、定位出欲切成型的大小（特製規格的糖果盤）。

② 用糖刀順著木尺切長條，再橫向分切小段。

③ 完成切製、剝開，密封包裝。

◎糖果類

自製糖果不添加防腐劑，室溫下糖果中的麥芽容易因高溫致使融化而產生黏液的自然現象，為了維持形態，製作完成待冷卻後即應包覆好，再裝入密封罐（或保鮮盒）室溫陰涼處保存。

◎餅乾類

餅乾易因吸收空氣中的濕氣受潮，使得口感變差，因此出爐放涼的餅乾，應立即密封保存。若想包裝後用來送人，最好能先分別密封包裝，再包裝加工成禮物，並加放食品用乾燥劑，可延長餅乾的保存期限。

密封，保鮮度

用密封的容器，如保鮮夾鏈袋、保鮮盒、帶蓋密封等容器保存，以保有製品的風味口感，避免長時間與空氣接觸，致使糖果、餅乾受潮破壞風味。

◎膠質軟糖

① 軟糖放置糖果紙底端居中的位置。

② 從底端處往上翻折包覆完全。

③ 左右兩端開口處，以反方向扭轉，束緊包裝完成。

◎澱粉軟糖

① 軟糖放置糯米紙底端再翻折包覆。

② 外層再包覆上糖果紙。

③ 左右兩端開口處,以反方向扭轉。

④ 束緊,包裝完成。

◎牛奶糖

① 牛奶糖先用糯米紙包覆。

② 外層再包覆上糖果紙。

③ 開口處扭轉束緊。

④ 完成。

◎糖飴菓子

① 米花糖裝入密封袋內。

② 用封口機密合封口。

③ 地瓜酥裝入密封袋內。

④ 用封口機密合封口。

封口,保鮮度

用封口機密封包裝保存,可有效阻絕與空氣的接觸,防止受潮。

① 封口機。

② 保鮮袋。

③ 將餅乾裝入適合的包裝袋內。

④ 包裝袋開口處(預留2-3cm)。

⑤ 將封口機夾住包裝袋開口處。

⑥ 壓住開口處,移動劃過到底。

⑦ 封口包裝後密封室溫保存。

食品用乾燥劑

乾燥劑具吸濕性,在包裝用的盒子、或夾鏈袋中搭配乾燥劑使用,可延長保存期限,維持製品原有的口感、風味。適用於含水率較低的製品。

1

新食口感糖飴菓子

承襲傳統為延伸，結合多樣的食材元素，
不繁雜的作法、新穎的創意運用，
新食趣滋味、口感的糖飴菓子！

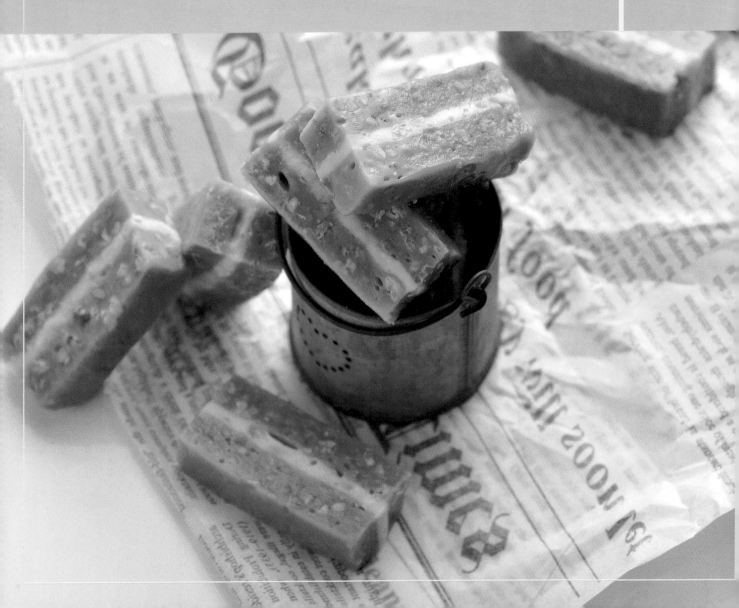

MILK CANDY

| 基 本 示 範 |

白 牛 奶 糖

〈 材料 〉

Ⓐ 精緻麥芽 360g
　 海藻糖 130g
　 鹽 5g
　 水 65g
Ⓑ 寒天粉 4g
　 水 15g
Ⓒ 動物鮮奶油 180g
　 奶油 40g
Ⓓ 白巧克力 100g
　 奶粉 120g

〈 前置準備 〉

· 糖果盤（30cm×25cm），
　事先鋪上烤焙布。⇨P.15
· 把奶油切成小塊放置室溫下
　回溫（使其軟化）備用。

〈 製作 〉

牛奶糖

1 寒天粉加水攪拌融化均勻。

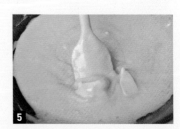

2 將材料Ⓐ放入鍋中，用中火加
熱煮至沸騰，加入鮮奶油邊攪
拌邊熬煮至沸騰濃稠。

3 加入作法①邊拌邊煮至融解，
繼續拌煮至約120℃，熄火。

4 加入切小塊的白巧克力拌勻。

5 加入奶油攪拌至融合，再加入
奶粉攪拌混合均勻。

6 **堅果口味。** 取出糖團稍揉拌，
加入烤過杏仁角（200g），揉
壓拌混均勻，再放入糖果盤中
輕壓平整，待定型。

塑型分切

7 倒入糖果盤中，由中間朝
四邊周攤展平均勻，輕壓平整
待冷卻，分切成塊，包裝。

洛神白玉卷心糖

薄薄的酸甜洛神軟糖片，捲入濃郁香甜的牛奶糖，
鮮明果實、奶香風味，
帶著絕妙雙色相間的色澤與口感。

〈 材料 〉

洛神花軟糖

Ⓐ 精緻麥芽 400g
　 細砂糖 50g
　 海藻糖 200g
　 鹽 4g
　 洛神果汁 200g
Ⓑ 奶油 60g
Ⓒ 水 70g
　 玉米粉 80g
Ⓓ 洛神果乾 100g
　 蘭姆酒 30g

白牛奶糖

Ⓐ 精緻麥芽 360g
　 海藻糖 130g
　 鹽 5g
　 水 65g
Ⓑ 寒天粉 4g
　 水 15g
Ⓒ 動物鮮奶油 180g
　 奶油 40g
Ⓓ 白巧克力 100g
　 奶粉 120g
Ⓔ 杏仁角 200g

〈 前置準備 〉

· 糖果盤（約30cm×25cm），
　事先鋪上烤焙布。⇨P.15
· 杏仁粒用烤箱，烤至約8分
　熟，保溫備用。⇨P.14
· 把奶油切成小塊放置室溫下
　回溫（使其軟化）備用。
· 洛神切小塊與蘭姆酒浸泡入
　味；寒天加水拌勻備用。

〈 製作 〉

🐟 洛神花軟糖

1 洛神花乾切小塊先與蘭姆酒浸泡入味。

2 將材料Ⓐ放入鍋中，用中火加熱拌煮至糖融化。

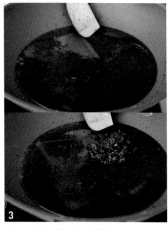

3 用中火加熱煮至沸騰，加入酒漬洛神果乾邊拌邊煮。

4 再加入玉米粉水邊倒邊拌勻，加入奶油拌勻，直至拌煮到濃稠，約114-116℃，推動鍋底流動性佳的狀態。

Point　此時將糖漿滴入冷水中，能凝結成軟球狀表示OK。

5 將洛神花軟糖漿倒入糖果盤中，由中間朝四邊周攤展平均勻，輕壓平整，待冷卻。

🍬 白牛奶糖

6

將材料Ⓐ放入鍋中，用中火加熱煮至沸騰，加入鮮奶油邊攪拌邊熬煮至沸騰濃稠。

7

加入拌勻的寒天粉水邊拌邊煮至融解，繼續拌煮至約120℃，熄火。

8

加入切小塊白巧克力拌勻，再加入奶油攪拌至融合。

9

再加入奶粉充分攪拌混合均勻。

10

取出糖團稍揉拌，加入烤過杏仁角，揉壓拌混均勻，放入糖果盤中輕壓平整，待定型。

🍬 組合塑型

11

將洛神花軟糖表面鋪放上白牛奶糖，整型四邊。

12

沿著邊稍按壓定型。

13

從長邊稍彎折。

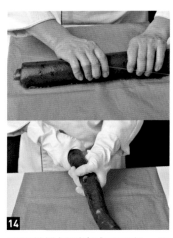

14

再順勢捲折到底成圓筒狀，搓揉均勻成細長條。

15

待稍定型，分切成圓片狀。

16

延伸變化。或將滾成圓長條中間用刮刀稍按壓出凹槽，分切，做成心形狀。

SNACK 02

乳加夾心酥糖

加了堅果酥糖的酥脆香氣是美味的重點所在！
溫潤濃厚奶香滋味，絕對口感與芳香的融合美味。

〈 材料 〉

牛軋糖

Ⓐ 精緻麥芽 400g
　　細砂糖 80g
　　海藻糖 120g
　　鹽 5g
　　水 100g
Ⓑ 蛋白霜粉 60g
　　冷開水 40g
Ⓒ 奶油 40g
　　奶粉 40g
Ⓓ 杏仁角 200g

南瓜子酥糖

Ⓐ 精緻麥芽 280g
　　鹽 3g
　　細砂糖 90g
　　水 120g
Ⓑ 奶油 30g
Ⓒ 熟南瓜子 500g
　　熟白芝麻 40g

〈 前置準備 〉

・ 糖果盤（約30cm×25cm），
　事先鋪好烤焙布。⇨P.15
・ 將杏仁角、南瓜子、芝麻用
　烤箱，烤至約8分熟，保溫備
　用。⇨P.14
・ 把奶油切成小塊放置室溫下
　回溫（使其軟化）備用。

〈 製作 〉

🍬 牛軋糖

杏仁角放入烤箱，以上火
120℃／下火120℃，烤約
20-25分鐘，烤至約8分熟，保
溫備用。

將材料Ⓐ放入鍋中，用中火加
熱熬煮至約134-140℃。

Point　簡易判斷法！可將糖液滴入
　　　冷水中，若能凝結成軟球狀
　　　（可捏成球狀）表示OK，可
　　　做出一定軟度。

蛋白霜粉、水倒入攪拌缸中，
攪拌打至濕性發泡。

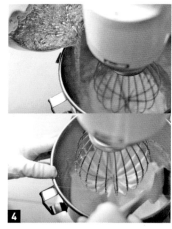

慢慢分次沖入作法②的糖漿，
快速攪拌至乾性發泡。

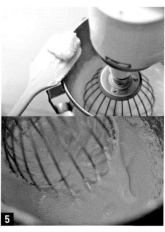

分次加奶油攪拌融合，加入奶
粉拌勻。

將牛軋糖稍揉壓，加入烤好杏
仁角，混合揉拌均勻。

7

鋪放塑膠袋上覆蓋住，用擀麵棍擀壓整型成稍薄的長片狀。

🍬 南瓜子酥糖

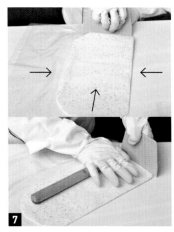

8

南瓜子、白芝麻用烤箱，以上火150℃／下火150℃，烤約20-25分鐘，保溫備用。

9

將材料Ⓐ放入鍋中，用中火煮至沸騰，加入奶油拌煮融合。

10

繼續加熱熬煮至約128℃。

11

加入烤熟白芝麻，以及南瓜子迅速攪拌混合。

12

檯面鋪放裁開的塑膠袋，倒入南瓜子酥糖捲成細長條狀。

🍬 組合塑型

13

牛軋糖對切成長方片狀2片，分別放上南瓜子酥糖。

14

從長端處包覆順勢捲至底成圓條狀。

15

稍搓揉塑型整成均勻的細長條，待稍定型分切成圓片狀。

Point 可以依自己喜歡的堅果種類做變化。

蔓越莓奶香糖

酸酸甜甜的蔓越莓，搭配濃郁牛軋糖展現風味層次，
雙色疊層的組合，清新香甜風味完美釋放。

長條款

〈 **材料** 〉

蔓越莓軟糖	牛軋糖
Ⓐ 精緻麥芽 350g	Ⓐ 精緻麥芽 400g
鹽 4g	細砂糖 80g
海藻糖 150g	海藻糖 120g
細砂糖 50g	鹽 5g
蔓越莓果泥 200g	水 100g
水 50g	Ⓑ 蛋白霜粉 60g
Ⓑ 奶油 50g	冷開水 40g
Ⓒ 水 50g	Ⓒ 奶油 40g
玉米粉 60g	奶粉 40g
Ⓓ 蔓越莓乾 100g	
蘭姆酒 60g	

卷卷款

〈 前置準備 〉

- 糖果盤（約30cm×25cm），
  事先鋪上烤焙布。⇨P.15
- 把奶油切成小塊放置室溫下
  回溫（使其軟化）備用。
  ⇨P.14
- 蔓越莓乾先與蘭姆酒浸泡入
  味備用。

〈 製作 〉

蔓越莓軟糖

將材料Ⓐ（蔓越莓果泥除外）
放入鍋中，用中火煮至糖融
化。

加入蔓越莓果泥加熱拌煮。

再加入酒漬過蔓越莓乾拌煮至
沸騰。

慢慢加入玉米粉水邊拌邊煮，
再加入奶油拌勻至融化。

直至拌煮到濃稠，推動鍋底流
動性佳的狀態，拌煮直至濃稠
約114-116℃。

Point　此時將糖漿滴入冷水中，能
　　　凝結成軟球狀表示OK。

將蔓越莓軟糖漿倒入糖果盤
中，由中間朝四邊周攤展平均
勻，輕壓平整，待冷卻。

牛軋糖

將材料Ⓐ放入鍋中，用中火加
熱熬煮至約134-140℃。

Point　簡易判斷法！可將糖液滴入
　　　冷水中，若能凝結成軟球狀
　　　（可捏成球狀）表示OK，可
　　　做出一定軟度。

8
將蛋白霜粉、水倒入攪拌缸中，攪拌打至濕性發泡。

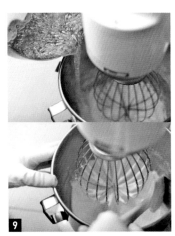

9
慢慢分次沖入作法⑦糖漿，快速攪拌至乾性發泡。

10
分次加奶油攪拌融合，加入奶粉拌勻。

11
將牛軋糖稍揉拌均勻揉壓，待稍冷卻。

12
鋪放塑膠袋上覆蓋住，用擀麵棍擀壓整型成稍厚長片狀。

🍬 組合塑型

13
長條狀。將牛軋糖鋪放在蔓越莓軟糖表面，對切為二，再重疊放置成四層。

14
分切成大小一致的長條狀。

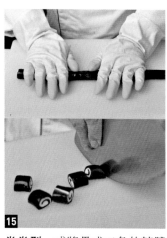

15
卷卷型。或將疊成二色的糖體捲成細長狀，搓揉均勻成細長條，切小段即可。

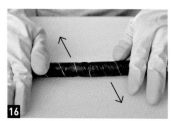

16
扭轉型。將捲成細長狀的糖體，扭轉搓揉，成扭紋造型，對切小段即可。

SNACK 04
棗生桂子

以飽含濃郁香氣的棗泥、桂花作雙層組合，
香甜不膩，Q軟中又帶點嚼勁，
極富口感的養生風味。

〈 材料 〉

棗泥糕

Ⓐ 精緻麥芽 450g
　 鹽 5g
　 海藻糖 100g
　 細砂糖 60g
　 水 80g
Ⓑ 棗泥醬 300g
　 棗泥豆沙 200g
Ⓒ 沙拉油 70g
Ⓓ 玉米粉 50g
　 水 50g
Ⓔ 核桃 450g

桂花松子糕

Ⓐ 精緻麥芽 420g
　 鹽 5g
　 海藻糖 80g
　 細砂糖 50g
　 水 80g
　 桂花醬 20g
　 白豆沙 400g
Ⓑ 奶油 60g
Ⓒ 玉米粉 50g
　 水 50g
Ⓓ 松子 250g

〈 前置準備 〉

- 糖果盤（約30cm×25cm），
  事先鋪好烤焙布。⇨P.15
- 核桃、松子用烤箱烤至約8分
  熟，保溫備用。⇨P.14
- 烏豆沙切成小塊備用。
- 把奶油切成小塊放置室溫下
  回溫（使其軟化）備用。

〈 製作 〉

🐟 棗泥糕

1 將核桃放入烤箱，以上火
130℃／下火130℃，烤約
30-35分鐘，烤至約8分熟，保
溫備用。

2 將材料Ⓐ放入鍋中用中火煮至
糖融化，加入棗泥醬，邊拌邊
煮至沸騰。

3 將棗泥豆沙分小塊加入鍋中，
拌煮至沸騰。

Point　烏豆沙分小塊加入可幫助融
　　　合均勻。

4. 將沙拉油慢慢的邊加入邊攪拌混合均勻。

5. 再加入玉米粉水邊倒邊拌勻。

6. 直至拌煮到濃稠，推動鍋底流動性佳的狀態約114-115℃（推開鍋底會呈現團狀，離鍋可看到鍋底）。

Point 濃稠狀態，即用攪拌杓推開鍋底會呈現團狀，離鍋可看到鍋底。

7. 加入烤過核桃混合拌勻。

8. 將南棗核桃糕倒入糖果盤中，由中間朝四邊周攤展平均勻。

9. 將烤焙布覆蓋表面用手輕壓平整，待冷卻凝固。

🐟 桂花松子糕

10. 松子放入烤箱，以上火150℃／下火150℃，烤約15分鐘，烤至約8分熟，保溫備用。

11. 麥芽糖、細砂糖、海藻糖、鹽、水及桂花醬放入鍋中，用中火加熱煮至沸騰。

12. 將白豆沙分小塊加入鍋中，壓拌白豆沙融化拌煮至沸騰。

13. 將奶油加入鍋中混合攪拌均勻。

14 加入玉米粉水邊倒邊拌勻，直至拌煮到濃稠。

15 推動鍋底流動性佳的狀態約114-115℃（推開鍋底會呈現團狀，離鍋可看到鍋底）。

Point 將糖液滴入冷水中，會凝結成捏成軟球狀表示OK。

16 加入烤過松子混合拌勻。

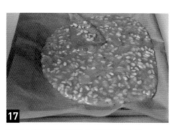

17 將桂花松子倒入糖果盤中，由中間朝四邊周攤展平均勻。

18 將烤焙布覆蓋表面用手輕壓平整，待冷卻凝固。

組合塑型

19 將冷卻的桂花松子糕疊放在南棗核桃糕表面，待稍定型。

Point 趁南棗核桃糕溫熱，以及桂花松子糕冷卻，一冷一熱的狀態較好塑型。

20 切成（寬約3cm）長條狀，再裁切成3cm正方形，或切長條，包裝。

21 **長條狀**。或切長條包裝。

棗 到 杏 福

香甜的棗泥軟糖捲入酥香脆口的杏仁酥糖，
鑲嵌其中的酥脆滋味，讓棗泥的香醇更加突顯。

〈 材料 〉

棗泥糕

Ⓐ 精緻麥芽 450g
　 鹽 5g
　 海藻糖 100g
　 細砂糖 60g
　 水 80g
Ⓑ 棗泥醬 300g
　 棗泥豆沙 200g
Ⓒ 沙拉油 70g
Ⓓ 玉米粉 50g
　 水 50g
Ⓔ 核桃 450g

芝麻杏仁酥糖

Ⓐ 精緻麥芽 220g
　 鹽 4g
　 細砂糖 120g
　 水 80g
Ⓑ 奶油 30g
Ⓒ 熟白芝麻 50g
　 熟杏仁角 500g

〈 前置準備 〉

- 模型事先鋪好塑膠袋。
  ⇨P.15
- 核桃、杏仁角用烤箱，烤至約8分熟，保溫備用。⇨P.14
- 烏豆沙切成小塊備用。
- 把奶油切成小塊放置室溫下回溫（使其軟化）備用。

〈 製作 〉

🐟 棗泥糕

棗泥糕作法參見「棗生桂子」P32-35，棗泥糕製作步驟1-6，完成棗泥拌煮到濃稠狀態約114-115℃。

加入烤過核桃混合拌勻。

將南棗核桃糕倒入模型中。

用手輕壓平整，待冷卻凝固。

🐟 芝麻杏仁酥糖

杏仁角用烤箱，以上火130℃／下火130℃，烤約30-35分鐘，保溫備用。

將材料Ⓐ放入鍋中，用中火煮至沸騰約100℃，加入奶油拌勻，繼續熬煮至約128℃。

Point　加油脂是為使糖團產生較多油質，製作過程中較好攪拌；也可以用液態油代替奶油，但奶油味道較香濃。

9

捲成細長條狀。

Point　堅果酥糖也可趁熱塑整擀成
　　　　片狀變化。

加入白芝麻,以及烤過杏仁角
迅速攪拌混合。

8

檯面鋪放好裁開的塑膠袋,倒
入芝麻杏仁酥糖。

🍬 **組合塑型**

10

南棗核桃糕切成長方片狀。芝
麻杏仁酥糖切成同南棗核桃糕
的長度大小。

11

將芝麻杏仁酥糖鋪放在南棗核
桃糕上,包捲成圓筒狀。

12

待稍定型分切成圓片狀。

13

即成棗泥杏仁酥糖。

歐蕾王妃奶糖

濃厚乳香搭配深度太妃牛奶糖，營造出交融的滋味，
風味與香氣相互映襯，乳香、焦糖香氣令人印象深。

〈 材料 〉

白牛奶糖

Ⓐ 精緻麥芽 360g
　海藻糖 130g
　鹽 5g
　水 65g
Ⓑ 寒天粉 4g
　水 15g
Ⓒ 動物鮮奶油 180g
　奶油 40g
Ⓓ 白巧克力 100g
　奶粉 120g
Ⓔ 杏仁角 200g

太妃牛奶糖

Ⓐ 精緻麥芽 400g
　細砂糖 100g
　海藻糖 200g
　鹽 5g
　水 80g
Ⓑ 動物鮮奶油 500g
　煉奶 50g
　奶油 50g
Ⓒ 玉米粉 60g
　水 50g
Ⓓ 杏仁角 200g

〈 前置準備 〉

- 糖果盤（約30cm×25cm），
  事先鋪好烤焙布。⇨P.15
- 杏仁角用烤箱，烤至約8分
  熟，保溫備用。⇨P.14
- 把奶油切成小塊放置室溫下
  回溫（使其軟化）備用。

〈 製作 〉

🐟 白牛奶糖

白牛奶糖作法參見「洛神白玉
卷心糖」P22-24，白牛奶糖製
作步驟6-9，完成白牛奶糖體
的拌煮。

取出白牛奶糖體稍揉拌，加入
烤過杏仁角，揉壓拌混均勻，
再放入糖果盤中輕壓平整，待
定型。

🐟 太妃牛奶糖

杏仁角放入烤箱，以上火
120℃／下火120℃，烤約
20-25分鐘，烤至約8分熟，保
溫備用。

將鮮奶油、奶油放入鍋中，邊
隔水加熱邊攪拌煮至約80℃。

再加入煉奶拌煮均勻，保溫。

Point　煉奶含有糖分，開始就加入
　　　拌易煮焦。

將材料Ⓐ放入鍋中，用中火加
熱煮至沸騰至約130℃。

將作法⑤加入到作法⑥糖漿中攪拌均勻至融合。

8 再邊加入玉米粉水邊攪拌均勻，繼續煮至約114-115℃。

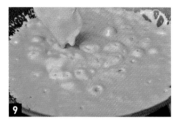

9 再邊加入玉米粉水邊攪拌均勻，繼續煮至約114-115℃。

Point　判斷軟硬度的方法：可在糖漿煮至約114℃時，將糖漿滴入冷水中，若能凝結，可用手搓揉成軟性球狀即表示OK。

10 加入烤過杏仁角混合拌勻。

11 將太妃牛奶糖倒入糖果盤中，由中間朝四邊周攤展平均勻，輕壓平整，待冷卻。

🍬 **組合塑型**

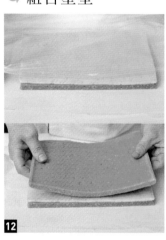

12 將太妃牛奶糖對切成二片，一片鋪放底層，中間擺放上白牛奶糖，再放上一層太妃牛奶糖整型成三層。

13 分切成長條塊狀即可。

夾心硬糖

甜心硬糖

HARD CANDY 01
夾心硬糖

掌握好基本的糖漿，善用不同的模型，
就能變化出各式極具特色的花樣造型。

〈 材料 〉

Ⓐ精緻麥芽 100g
　細砂糖 150g
　水 80g
Ⓑ棗子蜜餞適量

〈 前置準備 〉

· 糖果模。棗子蜜餞切成適當大小。

〈 製作 〉

將材料Ⓐ放入鍋中，用中小火加熱熬煮至沸騰
至約142℃。

將作法①糖漿倒入模
型中。

放入棗子蜜餞，稍輕壓入中心，待冷卻、脫
模、包裝。

HARD CANDY 02
甜心硬糖

調製喜愛的糖體顏色，
依照喜好，塑出自屬的糖果造型吧！

〈 材料 〉

Ⓐ精緻麥芽 100g
　細砂糖 150g
　水 80g
Ⓑ食用紅色素適量

〈 前置準備 〉

· 糖果模。

〈 製作 〉

將材料Ⓐ放入鍋中，用中小火加熱熬煮至沸騰
至約142℃，滴入食用色素。

混合拌勻。

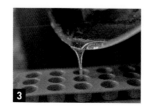

將作法②糖漿倒入模
型中，待冷卻可成
型、脫模、包裝。

HARD CANDY 03
莓果軟心硬糖

帶有硬度的糖體中心夾著Q軟糖心餡，
享受得到清甜不膩與Q軟餡心的雙重口感。

〈 材料 〉

軟糖

Ⓐ 蔓越莓果汁 50g
水 35g
細砂糖 20g

Ⓑ 果膠粉 5g
水 15g

硬糖

細砂糖 100g
愛素粒 50g
水 20g

〈 **前置準備** 〉

· 準備糖果模型、糖果棒（紙軸）、食用轉寫紙備用。
· 果膠粉（Yellow Pectine），這裡使用的果膠粉，為廣泛應用於各式法式軟糖、果醬的膠體。
· 愛素糖（Isomalt）異麥芽酮糖醇，又名珍珠糖、珊瑚糖、益壽糖、拉絲糖，廣用於硬糖果、拉糖等製作。

〈 **製作** 〉

🍬 **軟糖**

1
果膠粉加入水混合拌勻。

2
將材料Ⓐ（除細砂糖外）放入
鍋中加熱煮至沸騰，再加入作
法①拌煮均勻，加入細砂糖拌
煮至融化。

3
邊拌邊煮直至沸騰約108℃。

4
倒入模型中，待冷卻定型。

🍬 **硬糖**

5
所有材料放入鍋中，用中小火
加熱熬煮至融成糖液沸騰，繼
續熬煮至約160℃。

🍬 **塑型組合**

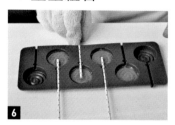

6
將糖漿倒入糖果模型中至約
1/2厚度，擺放入糖果棒。

7
在中心處擺放入軟糖（或擺放
入轉寫紙）待氣泡消失，再倒
入糖漿。

8
待冷卻定型，脫模，即成夾
心、造型棒棒糖。

HARD CANDY 04
炫彩枴杖糖 &
水果糖葫蘆

色彩、造型相當亮眼的炫彩枴杖糖，
是營造聖誕歡樂氛圍不可或缺的應景糖果。

〔 材料 〕

炫彩枴杖糖

Ⓐ 精緻麥芽 50g
　 細砂糖 200g
　 水 80g
Ⓑ 食用色素少許

水果糖葫蘆

Ⓐ 精緻麥芽 100g
　 細砂糖 150g
　 水 80g
Ⓑ 水果乾（或新鮮水果）

〈 **前置準備** 〉

- 準備可放置糖漿的保溫裝置備用。
- 準備糖果棒（或紙軸）備用。

〈 **製作** 〉

🍬 柺杖糖

1　材料Ⓐ放入鍋中，用中小火加熱熬煮至沸騰至約142℃。

2　糖漿分成二等份，取一部分滴入食用色素拌勻。

3　作法②兩色的糖體，分別用手反覆不斷的搓揉，或用刮板反覆翻拌直至顏色變白。

4　將紅、白色的糖團搓揉均勻後揉成長條，並邊揉搓邊延展扭搓拉長（製作過程中最好將糖漿放置保溫的裝置中保溫，或微波爐中保溫，避免變硬難以整型操作）。

5　紅、白糖團貼合兩側後揉合成扭轉紋理的彩條糖團，裁剪小條，將一端彎折成柺杖造型。

🍬 水果糖葫蘆

6　依作法①熬煮糖漿。再將水果（或果乾）串插固定，迅速沾裹勻糖漿，即成水果糖葫蘆。

7　用揉好的彩條糖團，由中心順著同心圓盤繞成圓片，插上糖果棒即成彩色棒棒糖。

— 糖飴手藝Plus+ —

煮好的糖漿溫度非常高，選用的糖果模具應以耐熱性的模型較適合。

桂圓薑糖

濃醇的黑糖與老薑熬煮濃縮精製,香氣十足
結合桂圓、枸杞食材,養生點心最佳的選擇。

〈 **材料** 〉

Ⓐ 黑糖 200g   Ⓑ 桂圓 50g
   二砂糖 900g   枸杞 30g
   鹽 3g
   老薑 600g
   水 30g

〈 前置準備 〉

· 糖果盤，事先鋪上烤焙布。 ⇨P.15
· 老薑刷洗乾淨，用調理機攪打成細泥；枸杞稍清洗過備用。

〈 製作 〉

🍬 打薑泥

1
老薑洗乾淨，用調理機攪打成細泥。

2
將材料Ⓐ、作法①的薑泥放入鍋中，用中火加熱熬煮至沸騰，再加入桂圓乾。

Point　二砂糖的份量也可以改用冬瓜糖來調整比例會有不同的風味。

3
繼續不停拌煮加熱，再加入枸杞拌勻，熄火。

Point　此時將糖漿滴入冷水中，能凝結成軟球狀表示OK。

4
繼續不停拌煮加熱直至反砂的狀態。

🍬 塑型分切

5
倒入模型中，用刮板刮勻平整，冷卻凝固後，分切成塊，包裝。

Point　待薑糖降溫至不燙手，且薑糖可以成塊，即可分切。

食在香甜，好味！
天冷時在熱水中放上幾塊薑糖，即成桂圓薑茶，或者加入甜湯、奶茶，就成了秋涼時節很好的驅寒養生甜品（也可以直接單吃）。

TOFFEE CRISP 01
黑爵奶糖酥

香濃的苦甜巧克力糖團中加入酥香的地瓜酥條，
溫潤苦中帶甜的迷人滋味，頂級奢華的口感享受。

〈 材料 〉

Ⓐ 精緻麥芽 300g
　 細砂糖 30g
　 海藻糖 100g
　 鹽 3g
　 動物鮮奶油 30g
　 水 40g
Ⓑ 新鮮蛋白 80-100g

Ⓒ 奶油 30g
　 苦甜巧克力 70g
　 奶粉 30g
　 可可粉 20g
　 地瓜酥條 120g
Ⓓ 防潮可可粉

〈 前置準備 〉

- 糖糖果盤（約30cm×25cm），事先鋪上烤焙布。⇨P.15
- 地瓜酥條用烤箱（上火150℃／下火150℃，烤約15分鐘），烤至約8分熟，保溫備用。⇨P.14
- 把奶油切成小塊放置室溫下回溫（使其軟化）備用。
- 奶粉、可可粉混合過篩備用。

〈 製作 〉

🐟 奶糖酥

将材料Ⓐ放入鍋中，用中火加熱熬煮直到糖融解至約135℃。

蛋白放入攪拌缸中攪拌打至濕性發泡，繼續攪打至乾性發泡。

Point 蛋白材料部分，可用蛋白霜粉60g、水40g來代替使用。

3
慢慢沖入作法①糖漿快速攪拌。

4
再分次加入奶油攪拌融合。

5
加入苦甜巧克力攪拌融化，加入奶粉、可可粉混合拌勻。

6
倒入糖果盤，加入烤過地瓜酥條，用烤焙布揉壓翻拌混勻。

Point 在尚有餘溫的烤盤上進行揉壓，可延緩糖漿降溫變硬的時間。地瓜酥條也可用紫地瓜酥條或芋頭酥條來變化。

🐟 塑型分切

7
將揉壓均勻牛軋糖連同烤焙布攤開壓平，輕壓平整，待稍涼，趁微溫熱時分切成塊，表面篩撒上防潮可可粉。

紫芋奶糖酥

蒜香起司奶糖酥

52

TOFFEE CRISP 02
紫芋奶糖酥

內裡芋頭酥條，裹上濃郁香醇奶糖，
軟硬適中，富含濃濃奶香，滋味獨特！

〈 材料 〉

Ⓐ 精緻麥芽 300g
細砂糖 30g
海藻糖 100g
鹽 3g
動物鮮奶油 30g
水 40g
Ⓑ 蛋白霜粉 60g
冷開水 40g

Ⓒ 奶油 30g
牛奶巧克力 60g
奶粉 25g
芋頭粉 25g
芋頭酥條 120g
Ⓓ 芋頭粉適量

〈 前置準備 〉

• 糖果盤（約30cm×25cm），事先鋪上烤焙布。
⇨P.15
• 芋頭酥條用烤箱（上火150℃／下火150℃，
烤約15分鐘），烤至約8分熟，保溫備用。
⇨P.14
• 把奶油切成小塊放置室溫下回溫（使其軟化）
備用。
• 牛奶巧克力切小塊。奶粉、芋頭粉混合過篩備
用。

〈 製作 〉

1 糖漿、打發蛋白霜作法參見「黑爵奶糖酥」
P50-51，製作步驟1-3，打發蛋白霜，再分次加
入奶油拌融，加入牛奶甜巧克力、奶粉、芋頭
粉充分拌勻。

2 揉製整型參見，製作步驟6-7，表面再篩撒上
芋頭粉即可。

TOFFEE CRISP 03
蒜香起司奶糖酥

顛覆您對甜味牛軋糖的想像，
鹹甜鹹甜的新奇口感，意外契合的美味組合。

〈 材料 〉

Ⓐ 精緻麥芽 300g
細砂糖 30g
海藻糖 100g
鹽 3g
動物鮮奶油 30g
水 40g
Ⓑ 蛋白霜粉 60g
冷開水 40g

Ⓒ 奶油 60g
蒜粉 5g
乾燥蔥末 3g
起司粉 8g
奶粉 30g
地瓜酥條 120g
Ⓓ 玉米粉適量

〈 前置準備 〉

• 糖果盤（約30cm×25cm），事先鋪上烤焙布。
⇨P.15
• 地瓜酥條用烤箱（上150℃／下火150℃，烤約
15分鐘），烤至約8分熟，保溫備用。⇨P.14
• 把奶油切成小塊放置室溫下回溫（使其軟化）
備用。
• 奶粉、蒜粉、乾燥蔥末、起司粉混合過篩備
用。

〈 製作 〉

1 糖漿、打發蛋白霜作法參見「黑爵奶糖酥」
P50-51，製作步驟1-3，打發蛋白霜，再分次加
入奶油拌融，加入奶粉、蒜粉、乾燥蔥末、起
司粉充分拌勻。

2 揉製整型參見，製作步驟6-7，表面再篩撒上
玉米粉即可。

鮮綠奶糖酥

雪戀奶糖酥

香芒奶糖酥

TOFFEE CRISP 04
雪戀奶糖酥

不同於牛軋糖的獨特新口感，帶有濃郁奶香氣息，
結合特製的地瓜酥條，帶出獨有的酥脆口感。

〈 材料 〉

Ⓐ 精緻麥芽 300g　　　Ⓑ 蛋白霜粉 60g
　 細砂糖 30g　　　　　　 冷開水 40g
　 海藻糖 100g　　　　Ⓒ 奶油 30g
　 鹽 3g　　　　　　　　　 牛奶巧克力 60g
　 動物鮮奶油 30g　　　　 奶粉 50g
　 水 40g　　　　　　　　　 地瓜酥條 120g
　　　　　　　　　　　　Ⓓ 玉米粉適量

〈 前置準備 〉

· 糖果盤（約30cm×25cm），事先鋪上烤焙布。
　⇨P.15
· 地瓜酥條用烤箱（上火150℃／下火150℃，烤約
　15分鐘），烤至約8分熟，保溫備用。⇨P.14
· 把奶油切成小塊放置室溫下回溫（使其軟化）備
　用。
· 牛奶巧克力切小塊。奶粉過篩備用。

〈 製作 〉

1 將材料Ⓐ放入鍋中，中火加熱煮至約135℃。

2 蛋白霜粉、水攪拌打至濕性發泡，再慢慢沖
入作法①的糖漿快速攪打至乾性發泡。

3 分次加入奶油拌融，加入牛奶巧克力、奶粉
拌勻。

4 倒入糖果盤，加入烤過地瓜酥條，用烤焙布
揉壓翻拌混合均勻。

5 將揉壓均勻糖體連同烤焙布攤開壓平，輕壓
平整，待稍涼，趁微溫熱時分切成塊，表面篩灑
玉米粉。

香芒奶糖酥

芒果結合濃郁牛奶香氣，絕美的創意組合，
柔軟中散發鮮奶濃醇，加上地瓜酥條口感特別。

〈 材料 〉

Ⓐ 精緻麥芽 300g
　 細砂糖 30g
　 海藻糖 100g
　 鹽 3g
　 動物鮮奶油 30g
　 水 40g
Ⓑ 蛋白霜粉 60g
　 冷開水 40g

Ⓒ 奶油 30g
　 芒果巧克力 60g
　 奶粉 30g
　 芒果粉 20g
　 地瓜酥條 120g
Ⓓ 芒果粉適量

〈 前置準備 〉

· 糖果盤（約30cm×25cm），事先鋪上烤焙布。
　⇨P.15
· 地瓜酥條用烤箱（上火150℃／下火150℃，烤
　約15分鐘），烤至約8分熟，保溫備用。⇨P.14
· 把奶油切成小塊放置室溫下回溫（使其軟化）
　備用。
· 芒果巧克力切小塊。奶粉、芒果粉混合過篩備
　用。

〈 製作 〉

1 糖漿、打發蛋白霜作法參見「雪戀奶糖
酥」，製作步驟1-2，打發蛋白霜，再分次加入
奶油拌融，加入芒果巧克力、奶粉、芒果粉充
分拌勻。

2 揉製整型參見，製作步驟4-5，表面篩灑芒果
粉即可。

鮮綠奶糖酥

醇香抹茶與乳香巧妙搭配滑順細緻，
軟酥兼施的口感咬勁，口味相當討喜。

〈 材料 〉

Ⓐ 精緻麥芽 300g
　 細砂糖 30g
　 海藻糖 100g
　 鹽 3g
　 動物鮮奶油 30g
　 水 40g
Ⓑ 蛋白霜粉 60g
　 冷開水 40g

Ⓒ 奶油 30g
　 牛奶巧克力 60g
　 奶粉 30g
　 抹茶粉 20g
　 地瓜酥條 120g
Ⓓ 抹茶粉適量

〈 前置準備 〉

· 糖果盤（約30cm×25cm），事先鋪上烤焙布。
　⇨P.15
· 地瓜酥條用烤箱（上火150℃／下火150℃，烤
　約15分鐘），烤至約8分熟，保溫備用。⇨P.14
· 把奶油切成小塊放置室溫下回溫（使其軟化）
　備用。
· 牛奶巧克力切小塊。奶粉、抹茶粉混合過篩備
　用。

〈 製作 〉

1 糖漿、打發蛋白霜作法參見「雪戀奶糖
酥」，製作步驟1-2，打發蛋白霜，再分次加入
奶油拌融，加入牛奶巧克力、奶粉、抹茶粉充
分拌勻。

2 揉製整型參見，製作步驟4-5，表面篩灑抹茶
粉即可。

雪花菓糖酥

棉花糖般口感的牛軋糖,搭配蔓越莓與香酥餅,
香濃軟酥Q口感,完美呈現糖、餅、果乾多層次的風味。

〈 材料 〉

牛軋糖

Ⓐ 精緻麥芽 400g
細砂糖 80g
海藻糖 120g
鹽 5g
水 100g
Ⓑ 蛋白霜粉 60g
冷開水 40g
Ⓒ 奶油 40g
奶粉 40g

風味用料

奇福餅乾 300g
南瓜子 40g
核桃 40g
蔓越莓 40g
白芝麻 10g

〈 前置準備 〉

- 糖果盤（約30cm×25cm），
  事先鋪好烤焙布。⇨P.15
- 將餅乾、核桃、南瓜子、白
  芝麻用烤箱，烤至約8分熟，
  保溫備用。⇨P.14
- 把奶油切成小塊放置室溫下
  回溫（使其軟化）備用。

〈 製作 〉

🍬 烤堅果、餅乾

餅乾剝成小片狀，與核桃、南
瓜子放入烤箱，以上火150℃
／下火150℃，烤約10-12分
鐘，烤約8分熟，保溫備用。

Point　風味材料也可以用其他果
乾、或堅果來搭配。

🍬 牛軋糖酥

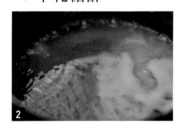

將材料Ⓐ用中火加熱。

熬煮至約134-140℃。

Point　簡易判斷法！可將糖液滴入
冷水中，若能凝結成軟球狀
（可捏成球狀）表示OK，可
做出一定軟度。

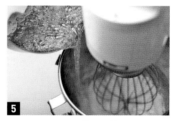

將蛋白霜粉、水倒入攪拌缸
中，攪拌打至濕性發泡。

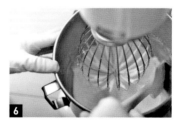

慢慢分次沖入作法③糖漿，快
速攪拌打至乾性發泡。

並刮淨附著缸盆內壁糖體拌
勻。

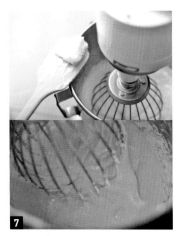

分次加奶油攪拌融合，加入奶粉拌均勻。

將牛軋糖稍揉拌，加入烤好作法①揉壓拌混均勻。

Point 堅果、果乾也可依喜好做不同風味的變化。

塑型分切

放入糖果盤中輕壓平整，不留縫隙的填滿壓平。

用擀麵棍擀壓整型成稍具厚度的長片狀。

將分切成大小一致的正方塊狀。

即成雪花菓糖酥，密封包裝即可。

NOUGAT SODA CRACKER 08

巧克力蔥酥軋餅

柔軟奶香牛軋糖餡與鹹香酥脆蘇打餅，
鹹甜交錯的豐富層次在口中越嚼越香，吃都吃不膩。

〈 材料 〉

Ⓐ 精緻麥芽 400g
　 細砂糖 50g
　 海藻糖 150g
　 鹽 6g
　 水 100g

Ⓑ 蛋白霜粉 60g
　 冷開水 60g

Ⓒ 奶油 50g
　 苦甜巧克力 100g
　 奶粉 60g
　 可可粉 20g

Ⓓ 香蔥打餅
　 （或蘇打餅）

〈 前置準備 〉

· 糖果盤（約30cm×25cm），事先鋪好烤焙布。⇨P.15
· 把奶油切成小塊放置室溫下回溫（使其軟化）備用。
· 苦甜巧克力切小塊。奶粉、可可粉混合過篩備用。

〈 製作 〉

🍬 牛軋糖

將材料Ⓐ放入鍋中，用中火加熱熬煮至約132-138℃。

將材料Ⓑ倒入攪拌缸中攪拌打至濕性發泡。

再慢慢沖入作法①的糖漿快速攪拌均勻至乾性發泡。

分次加入奶油攪拌融合，加入苦甜巧克力、奶粉、可可粉混合拌勻。

將作法④倒入糖果盤，用烤焙布揉拌壓勻。

Point 在尚有餘溫的烤盤上進行揉壓，可延緩糖漿降溫變硬的時間。

🍬 塑型組合

將牛軋糖搓揉成長條，分切成每個約10g，搓揉成圓球狀。

放置蘇打餅（或牛奶餅乾）中間組合，由中間輕輕按壓，使牛軋糖完全黏附餅乾，包裝保存。

2

味蕾甜滿軟Q糖飴

融入濃醇鮮奶與不同膠體，
搭配香氣足的堅果、風味素材提升香味口感，
觸動味蕾的香甜，與濃醇滋味香氣絕美呈現！

Soft Candy

| 基本示範 | 棗泥糕

3 將分成小塊棗泥豆沙加入邊拌邊煮至沸騰。

4 將沙拉油慢慢的邊加入邊攪拌混合均勻，再加入玉米粉水拌勻。

〈 材料 〉

Ⓐ 精緻麥芽 450g
　 鹽 5g
　 海藻糖 100g
　 細砂糖 60g
　 水 80g
Ⓑ 棗泥醬 300g
　 棗泥豆沙 200g
Ⓒ 沙拉油 70g
Ⓓ 玉米粉 50g
　 水 50g
Ⓔ 核桃 450g

〈 製作 〉

烤堅果

1 核桃用烤箱，以上火130℃／下火130℃，烤約30-35分鐘，至8分熟，保溫備用。

直至拌煮到濃稠，推動鍋底流動性佳的狀態約114-115℃（推開鍋底會呈現團狀，離鍋可看到鍋底）。加入烤過核桃混合拌勻。

6 倒入糖果盤中，由中間朝四邊周攤展平均勻，將烤焙布覆蓋表面用手輕壓平整，待冷卻凝固。

〈 前置準備 〉

· 模型事先鋪好塑膠袋。
　 ⇨P.15
· 將核桃用烤箱，烤至約8分熟，保溫備用。⇨P.14
· 將烏豆沙切成小塊備用。
· 把奶油切成小塊放置室溫下回溫（使其軟化）備用。

棗泥糕

2 將材料Ⓐ放入鍋中用中火煮至糖融化，加入棗泥醬拌煮。

塑型分切

7 待稍涼，趁微溫熱時分切，一塊塊剝開，用糖果紙包裝。

CHEWY CANDY 01

寒天巧克力糖

苦甜巧克力、杏仁的完美結合，
堅果香與郁濃巧克力，口口幸福的香甜滋味。

〈 材料 〉

A 精緻麥芽 400g
　鹽 5g
　細砂糖 90g
　海藻糖 180g
　水 30g
B 寒天粉 8g
　水 30g
C 動物鮮奶油 300g
　奶油 40g
D 苦甜巧克力 200g
　可可粉 90g
　奶粉 70g
E 杏仁粒 400g

〈 前置準備 〉

· 糖果盤（30cm×25cm），事先鋪上烤焙布。⇨P.15
· 杏仁粒用烤箱，烤約8分熟，保溫備用。⇨P.14
· 把奶油切成小塊放置室溫下回溫（使其軟化）。
· 可可粉、奶粉混合備用。

Point 此類的軟糖糖體整型時，用手按壓塑型平整即可，用擀麵棍擀壓易因擀壓施力不當而變形。

〈 製作 〉

🐟 烤堅果

杏仁粒放入烤箱，以上火130℃／下火130℃，烤約30-35分鐘，保溫備用。

Point 堅果也可依自己喜好的口味變化。

🐟 糖體

寒天粉加水攪拌融化均勻。

將材料C放入容器中隔水邊加熱邊攪拌熬煮至約80℃。

Point 以隔水加熱的方式可避免焦化。

將材料A放入鍋中，用中火加熱熬煮至沸騰約100℃。

慢慢加入作法③快速拌勻融合。

再加入作法②寒天粉水邊倒邊拌勻，繼續加熱熬煮至約114℃。

Point 注意溫度的控制，煮糖溫度若超過116℃以上口感會變得較硬。

7

可可粉、奶粉裝入塑膠袋混合均勻。

8

再將混勻粉類加入作法⑥中攪拌混勻至完全融化。

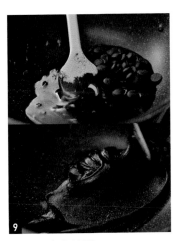

9

加入巧克力拌融。

10

再加入烤過杏仁粒混合拌勻。

🍬 塑型分切

11

糖果盤鋪放烤焙紙，將糖體倒入糖果盤，用手輕壓平整。

12

待稍涼，趁微溫熱分切、一塊塊剝開，包裝。

CHEWY CANDY 02

海鹽牛奶糖

濃郁的焦糖搭配海鹽，帶出淡淡的自然甜味，
溫潤柔順的口感，香甜不膩，更添牛奶糖的美味！

〈 材料 〉

Ⓐ 精緻麥芽 220g
　 細砂糖 280g
　 海鹽 5g
　 水 100g
　 轉化糖漿 80g
Ⓑ 寒天粉 12g
　 水 80g

Ⓒ 動物鮮奶油 500g
　 鮮奶 300g
　 奶油 50g
Ⓓ 夏威夷豆 500g

〈 **前置準備** 〉

- 糖果盤（約30cm×25cm），事先鋪好烤焙布。⇨P.15
- 夏威夷豆用烤箱，烤至約8分熟，保溫備用。
- 把奶油切成小塊放置室溫下回溫（使其軟化）備用。

〈 **製作** 〉

🍬 烤堅果

夏威夷豆放入烤箱，以上火130℃／下火130℃，烤約30-35分鐘，保溫備用。

Point 堅果也可依自己喜好的口味變化。

🍬 牛奶糖

寒天粉加水攪拌融化均勻。

將材料Ⓒ放入容器中隔水邊加熱邊攪拌熬煮至約80℃。

Point 隔水加熱可避免焦化。

將材料Ⓐ放入鍋中，用中火加熱煮至沸騰約100℃。

慢慢加入作法③快速攪拌至完全融合。

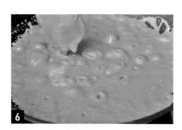

再加入作法②寒天粉水邊倒邊拌勻，繼續熬煮至約114℃。

再加入烤過夏威夷豆混拌勻。

🍬 塑型分切

8 將糖團倒入糖果盤中，用手輕壓平整，待冷卻凝固，分切成塊，包裝。

Point 此類的軟糖體用手按壓平整即可，用擀麵棍擀壓不當易變形。

┌─ 糖飴手藝Plus+ ─

海鹽牛奶糖為含鹽、口感風味特別的軟質牛奶糖，拌入的堅果也可用杏仁粒調整搭配，但得將堅果先烤過，利於拌合作業外，也才能帶出香氣。可依喜好加入不同種類的堅果，如榛果、杏仁、核桃等等。柔軟的牛奶糖體與酥脆的堅果，帶出豐富口感。

草莓芝心軟糖

可依喜好調整口味及軟硬度，控制好煮糖溫度，
不需要特殊烘焙器具或技巧就能完成。

〈 材料 〉

Ⓐ 精緻麥芽 400g
　鹽 6g
　細砂糖 50g
　海藻糖 150g
　水 100g
Ⓑ 吉利丁粉 12g
　水 40g

Ⓒ 奶油 100g
　奶粉 100g
　草莓粉 100g

〈 **前置準備** 〉

· 糖果盤（約30cm×25cm），事先鋪好烤焙布。⇨P.15
· 把奶油切成小塊放置室溫下回溫（使其軟化）備用。
· 把吉利丁粉加在冰水中攪拌使其吸收膨脹。
· 將奶粉、草莓粉混合過篩備用。

〈 **製作** 〉

🍬 **糖體**

1

吉利丁粉加水攪拌使其吸收膨脹。

2

將材料Ⓐ放入鍋中，用中火加熱熬煮至沸騰約130℃。

3

再加入作法①吉利丁拌勻。

4

直至完全融化呈透明狀。

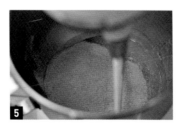

5

將作法④倒入攪拌缸中，加入混勻的奶粉、草莓粉攪拌均勻。

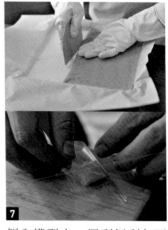

6

再分次加入奶油攪拌融合。

Point 隨攪拌時間糖團的亮度會越來越光亮且有Q度；加入油脂可讓糖團質地潤滑，但過多則會不易成形。

🍬 **塑型分切**

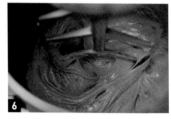

7

倒入模型中，用刮板刮勻平整。待冷卻凝固，分切成塊，包裝。

Point 內層先包裹糯米紙，再包覆糖果紙。

橘子芝心軟糖

哈密瓜芝心軟糖

72

黑醋栗芝心軟糖

芒果芝心軟糖

CHEWY CANDY 04
橘子芝心軟糖

帶有清爽的水果香氣，粉橘色澤相當討喜，
利用天然的橘子粉做出香甜的滋味。

〈 材料 〉

Ⓐ 精緻麥芽 400g
　 鹽 5g
　 細砂糖 60g
　 海藻糖 140g
　 水 100g

Ⓑ 吉利丁粉 12g
　 水 40g
Ⓒ 奶油 100g
　 奶粉 100g
　 橘子粉 100g

〈 前置準備 〉

· 糖果盤（約30cm×25cm），事先鋪好烤焙布。
　⇨P.15
· 把奶油切成小塊放置室溫下回溫（使其軟化）備
　用。
· 把吉利丁粉加在水中攪拌使其吸收膨脹。
· 將奶粉、橘子粉混合過篩備用。

〈 製作 〉

1 將材料Ⓐ放入鍋中，用中火加熱煮至沸騰約
130℃。

2 吉利丁粉、水拌勻至融化，加入到作法①的糖
漿中攪拌均勻。

3 將作法②倒入攪拌缸中，加入混合粉類攪拌均
勻，再加入奶油攪打至融合。

4 倒入模型中，刮勻平整，待冷卻，分切成
塊，包裝。

哈密瓜芝心軟糖

加入哈密瓜粉的香甜口味，
口感柔軟，別有清爽的水果香味。

〈 **材料** 〉

Ⓐ 精緻麥芽 400g
　 鹽 5g
　 細砂糖 60g
　 海藻糖 140g
　 水 100g

Ⓑ 吉利丁粉 12g
　 水 40g
Ⓒ 奶油 100g
　 奶粉 100g
　 哈蜜瓜粉 100g

〈 **前置準備** 〉

・ 糖果盤（約30cm×25cm），事先鋪好烤焙布。
　 ⇨P.15
・ 把奶油切成小塊放置室溫下回溫（使其軟化）
　 備用。
・ 把吉利丁粉加在水中攪拌使其吸收膨脹。
・ 將奶粉、哈蜜瓜粉混合過篩備用。

〈 **製作** 〉

1 將材料Ⓐ放入鍋中，用中火加熱煮至沸騰約
130℃。

2 吉利丁粉、水拌勻至融化，加入到作法①的
糖漿中攪拌均勻。

3 將作法②倒入攪拌缸中，加入混合粉類攪拌
均勻，加入奶油攪打至融合。

4 倒入模型中，刮勻平整，待冷卻，分切成
塊，包裝。

黑醋栗芝心軟糖

加入黑醋栗而有更優雅的甜美味滋味，
粉嫩的色澤及芳香的滋味口感，令人愛不釋口。

〈 **材料** 〉

Ⓐ 精緻麥芽 400g
　 鹽 5g
　 細砂糖 60g
　 海藻糖 140g
　 水 100g

Ⓑ 吉利丁粉 12g
　 水 40g
Ⓒ 奶油 100g
　 奶粉 100g
　 黑醋栗粉 100g

〈 **前置準備** 〉

・ 糖果盤（約30cm×25cm），事先鋪好烤焙布。
　 ⇨P.15
・ 把奶油切成小塊放置室溫下回溫（使其軟化）
　 備用。
・ 把吉利丁粉加在水中攪拌使其吸收膨脹。
・ 將奶粉、黑醋栗粉混合過篩備用。

〈 **製作** 〉

1 將材料Ⓐ放入鍋中，用中火加熱煮至沸騰約
130℃。

2 吉利丁粉、水拌勻至融化，加入到作法①的
糖漿中攪拌均勻。

3 將作法②倒入攪拌缸中，加入混合粉類攪拌
均勻，加入奶油攪打至融合。

4 倒入模型中，刮勻平整，待冷卻，分切成
塊，包裝。

芒果芝心軟糖

金黃的芒果色澤，散發香甜的芒果香氣，
融合牛奶香氣，更增添水果軟糖的味道層次。

〈 材料 〉

Ⓐ 精緻麥芽 400g
   鹽 6g
   細砂糖 50g
   海藻糖 150g
   水 100g

Ⓑ 吉利丁粉 12g
   水 40g
Ⓒ 奶油 100g
   奶粉 100g
   芒果粉 80g

〈 前置準備 〉

· 糖果盤（約30cm×25cm），事先鋪好烤焙布。
  ⇨P.15
· 把奶油切成小塊放置室溫下回溫（使其軟化）備
  用。
· 把吉利丁粉加在水中攪拌使其吸收膨脹。
· 將奶粉、芒果粉混合過篩備用。

〈 製作 〉

1 將材料Ⓐ放入鍋中，用中火加熱煮至沸騰約
130℃。

2 吉利丁粉、水拌勻至融化，加入到作法①的糖
漿中攪拌均勻。

3 將作法②倒入攪拌缸中，加入混合粉類攪拌均
勻，加入奶油攪打至融合。

4 倒入模型中，刮勻平整，待冷卻，分切成
塊，包裝。

── 糖飴手藝Plus+ ──────
製作牛奶糖的模型，也可利用手邊現有的平底容
器，方形的容器最好整型分切（如鋁箔盒），其他
不規則也可以，但使用前務必先均勻的薄刷上油，
這樣才不會沾黏。

CHEWY CANDY 08
特濃牛奶軟糖

運用兩種膠體搭配出特殊口感的比例，
濃醇奶香糖體，獨特創新的甘甜滋味！

〈 材料 〉

Ⓐ 精緻麥芽 400g　　Ⓑ 奶油 50g
　 鹽 5g　　　　　　　白巧克力 80g
　 細砂糖 60g　　　　　奶粉 100g
　 海藻糖 140g
　 水 140g
　 洋菜粉 2g
　 吉利丁粉 12g

〈 **前置準備** 〉

· 糖果盤（約30cm×25cm），事先鋪好烤焙布。⇨P.15
· 把奶油切成小塊放置室溫下回溫（使其軟化）備用。
· 把吉利丁粉及洋菜粉分別先與水攪拌使其融化。

〈 **製作** 〉

🍬 牛奶糖

1 吉利丁粉加水中攪拌使其吸收膨脹。

2 洋菜粉加水攪拌使其融化。

3 將麥芽糖、細砂糖、海藻糖、鹽、水放入鍋中。

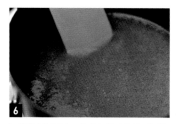

用中火加熱熬煮至融解成糖液至沸騰約130℃。

5 將作法①邊拌邊加入加入到作法④糖漿中拌勻。

再邊拌邊加入洋菜粉拌煮均勻。

7 倒入攪拌缸中，加入奶油攪拌融合，再加入白巧克力拌勻，加入奶粉攪拌混合均勻。

塑型分切

8 將作法⑦倒入模型中，刮勻平整，待冷卻凝固，分切成塊，包裝。

CHEWY CANDY 09

黑旋風米香軟糖

在濃郁的巧克力香中，加入膨發的白米果，
融合成香醇順口的黑巧風味，獨特香甜的好滋味。

〈 材料 〉

Ⓐ 精緻麥芽 400g
　 鹽 2g
　 細砂糖 200g
　 海藻糖 200g
　 動物鮮奶油 300g
Ⓑ 洋菜粉 5g
　 水 50g

Ⓒ 奶油 25g
　 苦甜巧克力 250g
　 奶粉 75g
　 可可粉 75g
Ⓓ 白米果 160g

〈 **前置準備** 〉

· 糖果盤（約30cm×25cm），事先鋪好烤焙布。 ⇨P.15
· 把奶油切成小塊放置室溫下回溫（使其軟化）備用。
· 把洋菜粉先與水攪拌使其融化。
· 可可粉、奶粉混合備用。

〈 **製作** 〉

🍬 糖體

1

奶油、苦甜巧克力、鮮奶油隔水加熱攪拌至完全融化。

2

將麥芽糖、細砂糖、海藻糖、鹽放入鍋中。

3

再加入作法①，用中火加熱拌煮融合至沸騰約100℃。

4

洋菜粉加水先攪拌融化均勻。將作法③中加入洋菜粉水邊倒邊加熱拌勻，繼續拌煮至約116℃。

Point 注意溫度的控制，煮糖溫度若超過116℃以上口感會變得較硬。

5

加入混合奶粉、可可粉拌勻至融合。

6

加入白米果拌勻。

🍬 塑型分切

7

倒入糖果盤中，輕壓平整，待冷卻凝固，分切成塊，包裝。

Point 此類的軟糖體用手按壓平整即可，用擀麵棍擀壓不當易變形。

─ 糖飴手藝Plus+ ─

糯米紙，以植物性澱粉提煉製成的可食用透明薄片，遇水即會糊化，用來包覆糖果製品，防止沾黏。蠟紙，經過蠟加工，防潮、防油滲透性強，可用於各種食品的包裝。

Soft Candy 01
金香南棗核桃糕

使用棗泥、烏豆沙,甜度適中香味自然,
香醇棗泥與核桃堅果香,滋養的經典軟糖。

〈 材料 〉

Ⓐ 精緻麥芽 450g
　　鹽 5g
　　海藻糖 100g
　　細砂糖 50g
　　水 70g
Ⓑ 棗泥醬 300g
　　烏豆沙 200g

Ⓒ 沙拉油 60g
Ⓓ 太白粉 40g
　　水 50g
Ⓔ 核桃 500g

〈 前置準備 〉

· 模型事先鋪好塑膠袋。⇨P.15
· 將核桃用烤箱，烤至約8分熟，保溫備用。⇨P.14
· 將烏豆沙切成小塊備用。

〈 製作 〉

🍬 烤堅果

1 將核桃放入烤箱，以上火130℃／下火130℃，烤約30-35分鐘，烤至約8分熟，保溫備用。

🍬 棗泥糕

2 將材料Ⓐ、棗泥醬放入鍋中，用中火加熱拌煮至沸騰。

3 將烏豆沙加入鍋中，攪拌混勻拌煮至沸騰。

4 將沙拉油慢慢加入鍋中邊加入邊拌煮至均勻。

5 繼續加入太白粉水邊倒邊拌勻，直至拌煮到濃稠。

6 推動鍋底流動性佳的狀態約112-113℃（推開鍋底會呈現團狀，離鍋可看到鍋底）。

Point 加入太白粉水拌煮時，需不停的攪拌才會形成軟Q度的口感。

7 加入烤過核桃混合拌勻。

🍬 塑型分切

8 將南棗核桃糕倒入糖果盤中，用手輕壓平整，待冷卻凝固，分切成塊，包裝。

SOFT CANDY 02
洛神花香軟糖

保有洛神的酸味及香氣，甜中微酸，口感Q彈，
典雅沉穩的深酒紅，色澤討喜，酸甜的好滋味。

〈 **材料** 〉

Ⓐ 精緻麥芽 350g
　 細砂糖 50g
　 海藻糖 200g
　 鹽 4g
　 洛神果汁 200g

Ⓑ 奶油 50g

Ⓒ 玉米粉 50g
　 水 50g

Ⓓ 洛神果乾 80g
　 蘭姆酒 30g
　 夏威夷豆 350g

〈 前置準備 〉

· 模型事先鋪好烤焙紙。⇨P.15
· 夏威夷豆用烤箱，烤至約8分熟，保溫備用。⇨P.14
· 把奶油切成小塊放置室溫下回溫（使其軟化）備用。
· 洛神果乾切小塊先與蘭姆酒浸泡入味備用。

〈 製作 〉

🐟 烤堅果

1

將夏威夷豆放入烤箱，以上火130℃／下火130℃，烤約30-35分鐘，烤至約8分熟，保溫備用。

🐟 軟糖

2

洛神花乾切小塊先與蘭姆酒浸泡入味。

3

將材料Ⓐ放入鍋中，用中火加熱煮至融成糖漿沸騰。

4

加入奶油拌煮融合，再加入玉米粉水邊倒邊拌勻，直至拌煮到濃稠。

5

加入作法②酒漬洛神果乾邊拌邊煮。

6

繼續攪拌直至濃稠約114-116℃，推動鍋底流動性佳的狀態。

Point 濃稠狀態，即用攪拌杓推開鍋底會呈現團狀，離鍋可看到鍋底。此時將糖漿滴入冷水中，能凝結成軟球狀表示OK。

7

加入烤過夏威夷豆拌勻。

🐟 塑型分切

8

倒入糖果盤中，用手輕壓平整，待冷卻凝固。

9

分切成塊，包裝。

— 糖飴手藝Plus+ —
擀開糖團時可使用的道具（鋁條），可把鋁條放在糖團的左右兩側，這樣在擀製時即可控制在鋁條範圍間內擀壓，能擀出平均的厚度。

蔓越莓軟糖

芒果香橙軟糖

SOFT CANDY 03
蔓越莓軟糖

酸甜蔓越莓搭配夏威夷豆，美味加分，
香甜彈的好口感，獨特的酸甜好滋味！

〈 材料 〉

Ⓐ 精緻麥芽 380g
　 鹽 4g
　 海藻糖 200g
　 細砂糖 50g
　 蔓越莓果泥 200g
Ⓑ 奶油 60g
Ⓒ 玉米粉 50g
　 水 50g
Ⓓ 蔓越莓乾 100g
　 蘭姆酒 30g
　 夏威夷豆 400g

〈 前置準備 〉

・ 糖果盤（約30cm×25cm），事先鋪上烤焙布。
　 ⇨P.15
・ 夏威夷豆用烤箱（上火130℃／下火130℃，烤
　 約30-35分鐘），烤至8分熟，保溫備用。⇨P.14
・ 把奶油切成小塊放置室溫下回溫（使其軟化）
　 備用。
・ 蔓越莓乾先與蘭姆酒浸泡入味備用。

〈 製作 〉

1 將材料Ⓐ放入鍋中，用中火加熱煮至沸騰。

2 加入奶油拌煮融合，繼續加入玉米粉水邊倒
邊拌勻，直至拌煮到濃稠，推動鍋底流動性佳
的狀態。

3 加入酒漬蔓越莓邊拌邊煮直至濃稠約114-
116℃，再加入烤過夏威夷豆拌勻。

4 倒入糖果盤中，用手輕壓平整，待冷卻，分
切成塊，包裝。

SOFT CANDY 04
芒果香橙軟糖

加入芒果、香橙果泥，更添獨特的酸甜香氣，
搭配低溫烘烤的夏威夷堅果，香甜豐富的滋味。

〈 材料 〉

Ⓐ 精緻麥芽 420g
　 鹽 4g
　 海藻糖 180g
　 細砂糖 60g
　 香橙果醬 60g
　 芒果果泥 150g
Ⓑ 奶油 40g
Ⓒ 玉米粉 60g
　 水 50g
Ⓓ 芒果乾 100g
　 蘭姆酒 30g
　 夏威夷豆 400g

〈 前置準備 〉

・ 糖果盤（約30cm×25cm），事先鋪上烤焙布。
　 ⇨P.15
・ 夏威夷豆用烤箱，烤至8分熟，保溫備用。
　 ⇨P.14
・ 把奶油切成小塊放置室溫下回溫（使其軟化）
　 備用。
・ 芒果乾切小塊與蘭姆酒浸泡入味備用。

〈 製作 〉

1 將材料Ⓐ放入鍋中，用中火加熱煮至沸騰。

2 加入奶油拌煮融合，繼續加入玉米粉水邊倒
邊拌勻，直至拌煮到濃稠，推動鍋底流動性佳
的狀態。

3 加入酒漬芒果乾邊拌邊煮直至濃稠約114-
116℃，再加入烤過夏威夷豆拌勻。

4 倒入糖果盤中，用手輕壓平整，待冷卻，分
切成塊，包裝。

百香金桔軟糖

桂圓夏威夷軟糖

SOFT CANDY 05
百香金桔軟糖

百香果泥搭配酒漬金棗，香氣與滋味迷人，
微酸香甜，每口都是充滿幸福的滋味。

〈 材料 〉

Ⓐ 精緻麥芽 380g
　 麥芽糖粉 100g
　 鹽 4g
　 海藻糖 170g
　 百香果果泥 150g
　 金桔汁 40g
Ⓑ 奶油 40g

Ⓒ 玉米粉 60g
　 水 60g
Ⓓ 金棗蜜餞乾 80g
　 橙酒 30g
　 夏威夷豆 350g

〈 前置準備 〉

・ 糖果盤（約30cm×25cm），事先鋪上烤焙布。
　⇨P.15
・ 夏威夷豆用烤箱，烤至8分熟，保溫備用。
　⇨P.14
・ 把奶油切成小塊放置室溫下回溫（使其軟化）
　備用。
・ 把百香果果泥與金桔汁混合拌勻。
・ 金棗蜜餞切小塊與橙酒浸泡入味備用。

〈 製作 〉

1 將材料Ⓐ放入鍋中，用中火加熱煮至沸騰。

2 加入奶油拌煮融合，繼續加入玉米粉水邊倒
邊拌勻，直至拌煮到濃稠，推動鍋底流動性佳
的狀態。

3 加入酒漬金棗邊拌邊煮直至濃稠約114-
116℃，再加入烤過夏威夷豆拌勻。

4 倒入糖果盤中，用手輕壓平整，待冷卻，分
切成塊，包裝。

SOFT CANDY 06
桂圓夏威夷軟糖

使用桂圓豆沙搭配夏威夷豆（亦稱火山豆）製作，
融合濃郁桂圓香氣及多層次風味口感。

〈 材料 〉

Ⓐ 精緻麥芽 400g
　 鹽 5g
　 海藻糖 100g
　 細砂糖 50g
　 水 40g
Ⓑ 桂圓醬 300g
　 桂圓豆沙 250g

Ⓒ 沙拉油 60g
Ⓓ 太白粉 40g
　 水 40g
Ⓔ 夏威夷豆 400g

〈 前置準備 〉

・ 糖果盤（約30cm×25cm），事先鋪上烤焙布。
　⇨P.15
・ 夏威夷豆用烤箱，烤至8分熟，保溫備用。
　⇨P.14
・ 桂圓豆沙切成小塊備用。

〈 製作 〉

1 將材料Ⓐ、桂圓醬放入鍋中，用中火加熱拌
煮至沸騰，再加入桂圓豆沙拌煮均勻。

2 加入沙拉油拌煮融合，繼續加入太白粉水邊
倒邊拌勻，直至拌煮到濃稠，推動鍋底流動性
佳的狀態，約114-116℃。

3 加入烤過夏威夷豆拌勻。

4 倒入糖果盤中，用手輕壓平整，待冷卻，分
切成塊，包裝。

3

人 氣 夯 物 乳 加 奶 糖

醇郁乳香、滑順口感的乳加、牛奶糖。
單純的將烤過的堅果與糖體交融一起，
吃嚐得到濃醇乳香，以及變化的延伸創意！

MILK CANDY

| 基本示範 | 森・牛奶糖

〈 材料 〉

Ⓐ 精緻麥芽 400g
　海藻糖 200g
　鹽 5g
　水 70g
Ⓑ 二砂糖 100g
Ⓒ 動物鮮奶油 500g
　奶油 80g
　煉奶 60g
Ⓓ 玉米粉 40g
　水 50g

〈 前置準備 〉

· 糖果盤（30cm×25cm），
　事先鋪上烤焙布。⇨P.15
· 把奶油切成小塊放置室溫下
　回溫（使其軟化）備用。

〈 製作 〉

牛奶糖

1 玉米粉加水攪拌融化均勻。將
二砂糖加熱熬煮至焦糖化，加
入鮮奶油拌勻。

2 另將材料Ⓐ放入鍋中，用中火
加熱煮至沸騰。

3 再加入奶油拌煮融合，加入煉
奶拌煮沸騰。

4 再將作法①加入作法③中攪拌
混勻。

5 接著倒入拌勻的玉米粉水邊倒
邊拌勻。

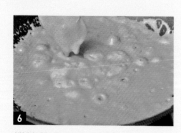

6 繼續熬煮至約115℃。

塑型分切

7 倒入糖果盤中，由中間朝
四邊周攤展平均勻，輕壓平
整，待冷卻，分切成塊，包
裝。

MILK TAFFY 01

太妃牛奶糖

焦糖口味的牛奶糖，帶著溫潤香甜的氣息，
恰到好處的甜度，高人氣的原因之一！

〈 材料 〉

Ⓐ 精緻麥芽 400g
　 細砂糖 160g
　 海藻糖 200g
　 鹽 5g
　 水 90g

Ⓑ 動物鮮奶油 500g
　 煉奶 60g
　 奶油 80g
Ⓒ 玉米粉 25g
　 水 30g
Ⓓ 夏威夷豆 500g

〈 **前置準備** 〉

- 糖果盤（30cm×25cm），事先鋪上烤焙布。⇨P.15
- 夏威夷豆用烤箱，烤約8分熟，保溫備用。⇨P.14
- 把奶油切成小塊放置室溫下回溫（使其軟化）。

〈 **製作** 〉

🐟 烤堅果

夏威夷豆放入烤箱，以上火120℃／下火120℃，烤約20-25分鐘，烤至約8分熟，保溫備用。

將材料Ⓐ放入鍋中，用中火加熱煮至沸騰。

Point　搭配海藻糖是為了降低糖度；海藻糖也可用等量的麥芽糖粉來代替。

玉米粉、水攪拌均勻。再邊加入玉米粉水邊攪拌均勻，繼續加熱熬煮至約114℃。

加入烤過夏威夷豆充分拌勻。

🐟 牛奶糖

將材料Ⓑ放入鍋中，邊隔水加熱邊攪拌熬煮至約80℃。

將作法②加入到作法③的糖漿中攪拌均勻至融合。

🐟 塑型分切

倒入模型中，輕壓平整，待冷卻凝固，分切成塊，包裝。

日式抹茶牛奶糖

紅豆相思牛奶糖

英倫伯爵牛奶糖

MILK CANDY 01
英倫伯爵牛奶糖

香醇伯爵茶香，搭配香甜牛奶焦糖味，
紅茶與牛奶焦香組成的美味二重奏。

〈 材料 〉

Ⓐ 精緻麥芽 400g   Ⓑ 動物鮮奶油 500g
   細砂糖 140g   鮮奶 60g
   海藻糖 150g   煉奶 60g
   鹽 5g   奶油 50g
   水 80g   Ⓒ 太白粉 50g
   伯爵茶粉 15g   Ⓓ 夏威夷豆 400g

〈 前置準備 〉

· 糖果盤（約30cm×25cm），事先鋪好烤焙布。
⇨P.15
· 夏威夷豆用烤箱（上火120℃／下火120℃，烤約
20-25分鐘），烤至約8分熟，保溫備用。
· 伯爵茶粉末若不夠細，先用調理機再打成細末使
用。

〈 製作 〉

1 將材料Ⓐ（伯爵茶粉外）先放入鍋中，以中火
加熱煮至沸騰約100℃，加入伯爵茶粉充分拌
勻。

2 另將材料Ⓑ放入鍋中，邊加熱邊攪拌熬煮至約
80℃。

3 將作法②加入到作法①糖漿中攪拌均勻融合。

4 慢慢加入太白粉水拌煮均勻，繼續熬煮至約
114℃，加入烤過夏威夷豆拌勻。

Point   太白粉較玉米粉來得濃稠，且不易離水。

5 倒入糖果盤中，平整，待冷卻，分切成塊，
用糯米紙包裝。

摩卡咖啡牛奶糖

摩卡咖啡牛奶糖

咖啡風味搭配濃郁乳香，口感滑順，
隱約嚐得到咖啡微苦的迷人香氣滋味。

〈 材料 〉

Ⓐ 精緻麥芽 400g   Ⓑ 動物鮮奶油 500g
　 細砂糖 150g   　 煉奶 50g
　 海藻糖 200g   　 奶油 80g
　 鹽 5g   Ⓒ 太白粉 30g
　 水 100g   Ⓓ 夏威夷豆 400g
　 咖啡粉 25g

〈 前置準備 〉

· 糖果盤（約30cm×25cm），事先鋪好烤焙布。
  ⇨P.15
· 夏威夷豆用烤箱，烤至約8分熟，保溫備用。
  ⇨P.14
· 咖啡粉過篩備用。

〈 製作 〉

1 將材料Ⓐ（咖啡粉外）先放入鍋中，以中火
加熱煮至沸騰約100℃，加入咖啡粉充分拌勻。

2 另將材料Ⓑ放入鍋中，邊加熱邊攪拌熬煮至
約80℃。

3 將作法②加入到作法①糖漿中攪拌均勻融
合。

4 慢慢加入太白粉水拌煮均勻，繼續熬煮至約
114℃，加入烤過夏威夷豆拌勻。

5 倒入糖果盤中，平整，待冷卻凝固後，分切
成塊，用糯米紙包裝。

日式抹茶牛奶糖

超口感的夏威夷豆搭配香濃的抹茶香氣，
甜而不膩，讓人念念不忘的好滋味。

〈 材料 〉

Ⓐ 精緻麥芽 400g   Ⓑ 動物鮮奶油 500g
　 細砂糖 150g   　 奶油 80g
　 海藻糖 200g   Ⓒ 太白粉 30g
　 鹽 5g   Ⓓ 夏威夷豆 400g
　 水 100g
　 抹茶粉 30g

〈 前置準備 〉

· 糖果盤（約30cm×25cm），事先鋪好烤焙布。
  ⇨P.15
· 夏威夷豆用烤箱，烤至約8分熟，保溫備用。
  ⇨P.14
· 抹茶粉過篩備用。

〈 製作 〉

1 將材料Ⓐ（抹茶粉外）先放入鍋中，以中火
加熱煮至沸騰約100℃，加入抹茶粉充分拌勻。

2 另將材料Ⓑ放入鍋中，邊加熱邊攪拌熬煮至
約80℃。

3 將作法②加入到作法①糖漿中攪拌均勻融
合。

4 慢慢加入太白粉水拌煮均勻，繼續熬煮至約
114℃，加入烤過夏威夷豆拌勻。

5 倒入糖果盤中，平整，待冷卻凝固後，分切
成塊，用糯米紙包裝。

MILK CANDY 04
紅豆相思牛奶糖

紅豆口味香氣濃厚，加上軟Q彈牙的口感，
每一口都是香濃味蕾的甜蜜滋味。

〈 材料 〉

Ⓐ 精緻麥芽 400g
　 細砂糖 150g
　 海藻糖 200g
　 鹽 5g
　 水 100g
　 紅豆粒沙（帶皮）
　 100g
　 紅豆皮粉 30g

Ⓑ 動物鮮奶油 500g
　 奶油 80g
Ⓒ 太白粉 30g
Ⓓ 夏威夷豆 400g

〈 前置準備 〉

· 糖果盤（約30cm×25cm），事先鋪好烤焙布。
  ⇨P.15
· 夏威夷豆用烤箱，烤至約8分熟，保溫備用。
  ⇨P.14

〈 製作 〉

1 將材料Ⓐ（紅豆粒沙、紅豆皮粉外）先放入鍋
中，以中火加熱煮至沸騰約100℃，加入紅豆粒
沙、紅豆皮粉充分拌勻。

2 另將材料Ⓑ放入鍋中，邊加熱邊攪拌熬煮至約
80℃。

3 將作法②加入到作法①糖漿中攪拌均勻融合。

4 慢慢加入太白粉水拌煮均勻，繼續熬煮至約
114℃，加入烤過夏威夷豆拌勻。

5 倒入糖果盤中，平整，待冷卻凝固後，分切
成塊，用糯米紙包裝。

沖繩黑糖牛奶糖

日式焦糖牛奶糖

MILK CANDY 05
日式焦糖牛奶糖

焦糖與牛奶香醇口味均衡地結合一起，
恰到好處的口感效果，香醇濃郁的好滋味！

〈 材料 〉

Ⓐ 精緻麥芽 420g
　細砂糖 120g
　海藻糖 120g
　鹽 5g
　水 90g

Ⓑ 動物鮮奶油 400g
　煉奶 40g
　奶油 60g
Ⓒ 太白粉 60g
　水 60g

〈 前置準備 〉

・ 糖果盤（約30cm×25cm），事先鋪好烤焙布。
　⇨P.15

〈 製作 〉

❶ 將材料Ⓐ放入鍋中，以中火加熱煮至沸騰約100℃。

❷ 另將材料Ⓑ放入鍋中，邊加熱邊攪拌熬煮至約80℃。

❸ 將作法②加入到作法①糖漿中攪拌均勻融合。

❹ 慢慢加入太白粉水拌煮均勻，繼續熬煮至約114℃。

❺ 倒入糖果盤中，平整，待冷卻凝固後，分切成塊，包裝。

MILK CANDY 06
沖繩黑糖牛奶糖

融入濃濃的黑糖香，甜而不膩口，
香醇圓潤的口感， 獨特的黑糖口味。

〈 材料 〉

Ⓐ 精緻麥芽 320g
　黑糖 200g
　海藻糖 120g
　鹽 5g
　水 90g

Ⓑ 動物鮮奶油 400g
　煉奶 40g
　奶油 60g
Ⓒ 太白粉 60g
　水 60g

〈 前置準備 〉

・ 糖果盤（約30cm×25cm），事先鋪好烤焙布。
　⇨P.15

〈 製作 〉

❶ 將材料Ⓐ放入鍋中，以中火加熱煮至沸騰約100℃。

❷ 另將材料Ⓑ放入鍋中，邊加熱邊攪拌熬煮至約80℃。

❸ 將作法②加入到作法①糖漿中攪拌均勻融合。

❹ 慢慢加入太白粉水拌煮均勻，繼續熬煮至約114℃。

❺ 倒入糖果盤中，平整，待冷卻凝固後，分切成塊，包裝。

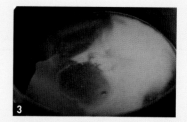

用中火加熱煮至糖融化。

繼續加熱熬煮至134-140℃。

Point 簡易判斷法！可將糖液滴入冷水中，若能凝結成軟球狀（可捏成球狀）表示OK，可做出一定軟度。

若滴入冷水中立即散開，無法凝結則表示溫度還不夠。

NOUGAT

| 基本示範 | 蔓越莓果牛軋糖

〈 材料 〉

Ⓐ 精緻麥芽 400g
　 細砂糖 80g
　 海藻糖 120g
　 鹽 5g
　 水 100g
Ⓑ 蛋白霜粉 50g
　 冷開水 40g
Ⓒ 奶油 40g
　 奶粉 40g
Ⓓ 杏仁粒 320g
　 蔓越莓 80g

〈 前置準備 〉

· 糖果盤（30cm×25cm），事先鋪上烤焙布。⇨P.15
· 杏仁粒用烤箱，烤約8分熟，保溫備用。⇨P.14
· 把奶油切成小塊放置室溫下回溫（使其軟化）備用。

〈 製作 〉

烤堅果

杏仁粒用烤箱，以上火130℃／下火130℃，烤約30-35分鐘，至8分熟，保溫備用。

牛軋糖

將麥芽、細砂糖、海藻糖、鹽、水放入鍋中。

將蛋白霜粉、水倒入攪拌缸中，攪拌打至濕性發泡。

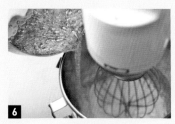

6

慢慢加入作法④糖漿邊加邊攪拌。

7

快速攪拌至成乾性發泡,並刮淨缸邊糖體混合拌勻。

8

分次加奶油攪拌融合。

___

Point 奶油切小塊再加入可直接與高溫的糖漿融合。

9

加入奶粉混合拌勻。

10

將攪拌好的牛軋糖倒入鋪好烤焙布的糖果盤中。

11

利用烤焙布先稍加揉拌壓勻。

12

再加入烤好杏仁粒、蔓越莓。

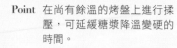

13

利用烤焙布揉壓翻拌混合均勻。

___

Point 在尚有餘溫的烤盤上進行揉壓,可延緩糖漿降溫變硬的時間。

14

混合拌勻。

塑型分切

15

將揉壓均勻牛軋糖連同烤焙布攤開壓平。

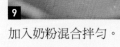

16

不留縫隙的填滿壓平。

17

待稍涼,趁微溫熱時分切、一塊塊剝開,用糖果紙包裝。

NOUGAT 01
杏仁牛軋糖

香濃奶香加上道地的堅果顆粒,軟硬適口、甜而不膩,
濃郁奶香加上獨特滋味口感,絕對一吃就愛上!

〈 材料 〉

Ⓐ 精緻麥芽 400g
　 細砂糖 80g
　 海藻糖 120g
　 鹽 5g
　 水 100g
Ⓑ 蛋白霜粉 50g
　 冷開水 40g

Ⓒ 奶油 40g
　 奶粉 40g
Ⓓ 杏仁粒 400g

〈 前置準備 〉

· 糖果盤（30cm×25cm），事先鋪上烤焙布。⇨P.15
· 杏仁粒用烤箱，烤約8分熟，保溫備用。⇨P.14
· 把奶油切成小塊放置室溫下回溫（使其軟化）備用。

〈 製作 〉

🐟 烤堅果

1

杏仁粒用烤箱，以上火130℃
／下火130℃，烤約30-35分
鐘，烤至8分熟，保溫備用。

Point　也可用杏仁粒（320g）、蔓
越莓（80g）來搭配製作；
或用花生片、核桃等變化；
堅果要事先烘烤至完全熟透
烤香；若是半生不熟則無法
充分展現風味。

🐟 牛軋糖

2

將材料Ⓐ放入鍋中加熱煮融。

3

用中火加熱熬煮至約134-
140℃。

Point　簡易判斷法！可將糖液滴入
冷水中，若能凝結成軟球狀
（可捏成球狀）表示OK，可
做出一定軟度。

4

將蛋白霜粉、水倒入攪拌缸
中，攪拌打至濕性發泡。

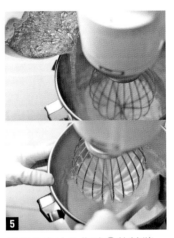

5

慢慢分次沖入作法③的糖漿，
快速攪拌至乾性發泡。

6

分次加奶油攪拌融合，加入奶
粉拌勻。

Point　奶油切小塊再加入可直接與
高溫的糖漿融合。

7

將牛軋糖倒入糖果盤中稍揉拌，加入烤好杏仁粒，用烤焙布均勻揉壓。

Point 在還有餘溫的烤盤上進行揉壓，可延緩糖漿降溫變硬的時間。

🍬 塑型分切

8

將揉壓均勻牛軋糖連同烤焙布攤開壓平。

9

不留縫隙的填滿壓平，待稍涼，趁微溫熱分切、一塊塊剝開，包裝。

Point 壓平平整時，可先從角落推滿再延及整面。

太極牛軋糖

〈 材料 〉

Ⓐ 精緻麥芽 1000g
　 細砂糖 220g
　 鹽 10g
　 水 140g
　 寒天粉 10g
Ⓑ 蛋白霜粉 120g
　 冷開水 100g

Ⓒ 奶油 150g
　 奶粉 140g
Ⓓ 杏仁角 200g
　 黑芝麻粉 200g

〈 製作 〉

1 杏仁角先烤至8分熟；黑芝麻粉烘烤過，保溫。

2 將材料Ⓐ加熱熬煮至沸騰。

3 將蛋白霜粉、水攪拌打至濕性發泡，再加入糖漿快速攪拌至乾性發泡。

4 加入奶油攪拌至融合，加入奶粉拌勻。

5 將牛軋糖體分成二部分，取其一加入烤過杏仁角揉拌均勻；另一部分加入黑芝麻粉揉拌均勻。

6 將原味牛軋糖倒入糖果盤中平整塑型，再倒入黑芝麻牛軋糖整型，成黑白雙色，待稍定型，分切即可。

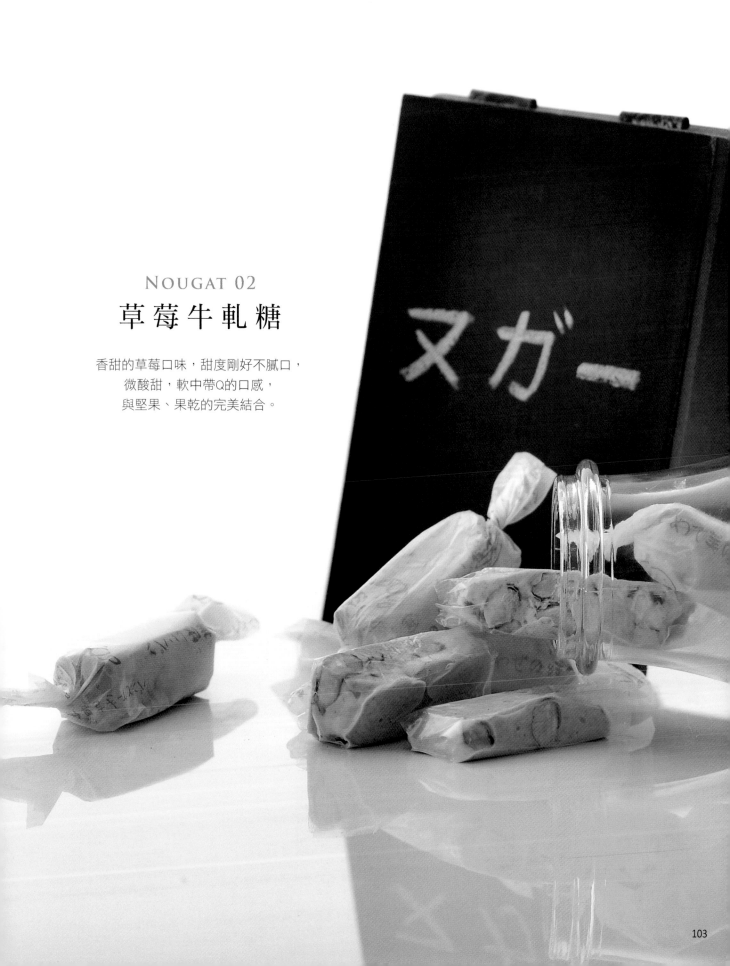

NOUGAT 02
草莓牛軋糖

香甜的草莓口味，甜度剛好不膩口，
微酸甜，軟中帶Q的口感，
與堅果、果乾的完美結合。

〈 材料 〉

Ⓐ 精緻麥芽 400g
　 細砂糖 80g
　 海藻糖 120g
　 鹽 5g
　 水 100g
Ⓑ 蛋白霜粉 50g
　 冷開水 40g
Ⓒ 奶油 40g
　 奶粉 40g
　 草莓粉 40g
Ⓓ 杏仁粒 320g
　 蔓越莓乾 80g

〈 前置準備 〉

・ 糖果盤（30cm×25cm），事
　 先鋪上烤焙布。⇨P.15
・ 杏仁粒用烤箱，烤約8分熟，
　 保溫備用。⇨P.14
・ 把奶油切成小塊放置室溫下
　 回溫（使其軟化）備用。
・ 草莓粉、奶粉混合過篩備
　 用。

〈 製作 〉

🍬 烤堅果

杏仁粒放入烤箱，以上火
130℃／下火130℃，烤約
30-35分鐘，烤至約8分熟，保
溫備用。

🍬 牛軋糖

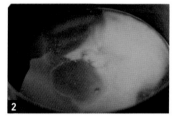

將材料Ⓐ放入鍋中。

用中火加熱熬煮至約134-
140℃。

Point　簡易判斷法！可將糖液滴入
　　　冷水中，若能凝結成軟球狀
　　　（可捏成球狀）表示OK，可
　　　做出一定軟度。

將蛋白霜粉、水倒入攪拌缸
中，攪拌打至濕性發泡。

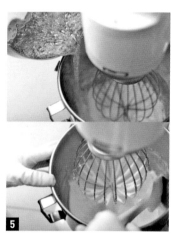

慢慢分次沖入作法③的糖漿，
快速攪拌至乾性發泡。

塑型分切

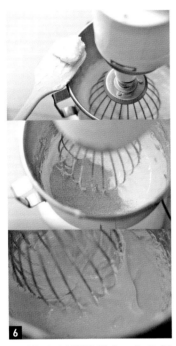

6 分次加奶油攪拌融合,加入奶粉、草莓粉拌勻,並用刮板刮淨附著缸盆內壁的糖團。

7 將牛軋糖倒入糖果盤中稍揉拌,加入烤好杏仁粒、蔓越莓,用烤焙布均勻揉壓。

Point 在尚有餘溫的烤盤上進行揉壓,可延緩糖漿降溫變硬的時間。

8 將揉壓均勻牛軋糖連同烤焙布攤開壓平。

Point 壓平平整時,可先從角落推滿再延及整面。

9 不留縫隙的填滿壓平,待稍涼,趁微溫熱分切、一塊塊剁開,包裝。

── 糖飴手藝Plus+ ──

拌合堅果會在鋪有烤焙布的烤盤上進行,可避免將堅果打碎(可保留整顆堅果的香氣),但在揉拌時注意要戴上手套,避免糖團的溫度高燙到手。

NOUGAT 03
芒果牛軋糖

戀夏的芒果新滋味，色澤誘人，滋味香甜，
搭配芒果乾、杏仁果的牛軋糖再香甜不過的驚喜口味。

〈 材料 〉

Ⓐ 精緻麥芽 400g
　 細砂糖 80g
　 海藻糖 120g
　 鹽 5g
　 水 100g
Ⓑ 蛋白霜粉 50g
　 冷開水 40g

Ⓒ 奶油 40g
　 奶粉 40g
　 芒果粉 30g
Ⓓ 杏仁粒 400g
　 芒果乾 50g

〈 前置準備 〉

· 糖果盤（30cm×25cm），事先鋪上烤焙布。
　⇨P.15
· 杏仁粒用烤箱，烤約8分熟，保溫備用。⇨P.14
· 把奶油切成小塊放置室溫下回溫（使其軟化）
　備用。
· 將奶粉、芒果粉混合過篩備用。芒果乾切成小
　塊備用。

〈 製作 〉

1 將材料Ⓐ放入鍋中，用中火加熱熬煮至約
134-140℃。

2 將蛋白霜粉、水倒入攪拌缸中攪拌打至濕性
發泡，再慢慢沖入作法①糖漿快速攪拌均勻至
乾性發泡。

3 分次加入奶油攪拌至融合，再加入奶粉、芒
果粉拌勻。

4 倒入糖果盤中稍揉拌，加入烤好杏仁粒、芒
果乾，用烤焙布均勻揉壓。

5 將揉壓均勻牛軋糖，輕壓平整，待稍涼，趁
微溫熱時分切成塊，包裝。

NOUGAT 04
黃金起司牛軋糖

起司粉、奶油乳酪及夏威夷豆的完美組合，
在口中咀嚼融化時自然散發濃濃的乳香。

〈 材料 〉

Ⓐ 精緻麥芽 400g
細砂糖 80g
海藻糖 120g
鹽 5g
水 100g
Ⓑ 蛋白霜粉 50g
冷開水 40g

Ⓒ 奶油 40g
奶油起司 60g
奶粉 40g
起司粉 20g
Ⓓ 杏仁粒 400g

〈 前置準備 〉

· 糖果盤（30cm×25cm），事先鋪上烤焙布。
⇨P.15
· 杏仁粒用烤箱，烤約8分熟，保溫備用。⇨P.14
· 把奶油、奶油起司切成小塊放置室溫下回溫（使
其軟化）備用。
· 將奶粉、起司粉混合拌勻備用。

〈 製作 〉

1 將材料Ⓐ放入鍋中，用中火加熱熬煮至約134-
140℃。

2 將蛋白霜粉、水倒入攪拌缸中攪拌打至濕性
發泡，再慢慢沖入作法①糖漿快速攪拌均勻至乾
性發泡。

3 分次加入奶油、奶油起司攪拌至融合，再加
入奶粉、起司粉拌勻。

4 倒入糖果盤中稍揉拌，加入烤好杏仁粒，用
烤焙布均勻揉壓。

5 將揉壓均勻牛軋糖，輕壓平整，待稍涼，趁
微溫熱時分切成塊，包裝。

NOUGAT 05

紅鑽莓果牛軋糖

加入健康果乾的蔓越莓，多了點微酸滋味，
甘甜在嘴裡，久久不散，讓人回味無窮。

〈 材料 〉

Ⓐ 精緻麥芽 500g
　 細砂糖 100g
　 海藻糖 100g
　 鹽 6g
　 水 100g
Ⓑ 蛋白霜粉 50g
　 冷開水 40g

Ⓒ 奶油 120g
　 奶粉 100g
　 蔓越莓粉 60g
Ⓓ 杏仁粒 500g
　 蔓越莓乾 100g

〈 製作 〉

🍬 烤堅果

1 杏仁粒用烤箱，以上火130℃／下火130℃，
烤約30-35分鐘，烤至8分熟，保溫備用。

🍬 牛軋糖

2 將材料Ⓐ放入鍋中，用中火加熱熬煮至約
134-140℃。

3 將蛋白霜粉、水倒入攪拌缸中，攪拌打至濕
性發泡，再慢慢分次沖入作法②糖漿，快速攪
拌至乾性發泡。

4 分次加奶油攪拌融合，加入奶粉、蔓越莓粉
充分混合拌勻，並用刮板刮淨附著攪拌缸內壁
的糖團。

5 倒入糖果盤中稍揉拌，加入烤好杏仁粒、蔓
越莓，用烤焙布均勻揉壓。

Point　在還有餘溫的烤盤上進行揉壓，可延緩糖漿降溫
　　　變硬的時間。

🍬 塑型分切

6 將揉壓均勻牛軋糖連同烤焙布攤開壓平，不
留縫隙的填滿壓平，待稍涼，趁微溫熱分切、
一塊塊剝開，包裝。

Point　壓平平整時，可先從角落推滿再延及整面。

〈 前置準備 〉

· 糖果盤（30cm×25cm），事先鋪上烤焙布。⇨P.15
· 杏仁粒用烤箱，烤約8分熟，保溫備用。⇨P.14
· 把奶油切成小塊放置室溫下回溫（使其軟化）備用。
· 將奶粉、蔓越莓粉混合拌勻備用。

┌─ 糖飴手藝Plus+ ─
│
│ 銅鍋。傳熱迅速、導熱性佳，價格不菲，若手邊沒
│ 有銅鍋，則選擇經濟實惠的大理石塗層的不沾鍋也
│ 很適合。
└

宇治抹茶牛軋糖

乳加花生牛軋糖

NOUGAT 06
乳加花生牛軋糖

獨特香濃乳香搭配飽滿花生粒，香純可口，
濃郁與香甜的口感，讓人愛不釋口。

〈 材料 〉

Ⓐ 精緻麥芽 400g
　 細砂糖 80g
　 海藻糖 120g
　 鹽 5g
　 水 100g

Ⓑ 蛋白霜粉 50g
　 冷開水 40g
Ⓒ 奶油 40g
　 奶粉 40g
Ⓓ 花生粒 400g

〈 前置準備 〉

· 糖果盤（30cm×25cm），事先鋪上烤焙布。
  ⇨P.15
· 花生粒用烤箱，烤約8分熟，保溫備用。⇨P.14
· 把奶油切成小塊放置室溫下回溫（使其軟化）
  備用。
· 奶粉過篩均勻。

〈 製作 〉

1 花生粒用烤箱，以上火130℃／下火130℃，
烤約30-35分鐘，烤至8分熟，保溫備用。

2 將材料Ⓐ放入鍋中，用中火加熱熬煮至約
134-140℃。

3 將蛋白霜粉、水攪拌打至濕性發泡，再慢慢
分次沖入作法②糖漿，快速攪拌至乾性發泡。

4 分次加奶油攪拌融合，加入奶粉充分混合拌
勻，並用刮板刮淨附著攪拌缸內壁的糖團。

5 倒入糖果盤中稍揉拌，加入烤過花生粒，用
烤焙布均勻揉壓。

6 將揉壓均勻牛軋糖連同烤焙布攤開壓平，不
留縫隙的填滿壓平，待稍涼，趁微溫熱分切成
塊，包裝。

NOUGAT 07
宇治抹茶牛軋糖

抹茶和白巧完美比例的結合，
紮實牛乳香甜和香脆杏仁粒，香醇濃郁不黏牙。

〈 材料 〉

Ⓐ 精緻麥芽 400g
　 細砂糖 50g
　 海藻糖 150g
　 鹽 6g
　 水 100g

Ⓑ 蛋白霜粉 60g
　 冷開水 60g
Ⓒ 奶油 50g
　 白巧克力 60g
　 奶粉 60g
　 抹茶粉 22g
Ⓓ 杏仁粒 500g

〈 前置準備 〉

· 糖果盤（30cm×25cm），事先鋪上烤焙布。
  ⇨P.15
· 杏仁粒用烤箱，烤約8分熟，保溫備用。⇨P.14
· 把奶油切成小塊放置室溫下回溫（使其軟
  化），白巧克力切小塊備用。
· 將奶粉、抹茶粉混合過篩均勻。

〈 製作 〉

1 杏仁粒用烤箱，以上火130℃／下火130℃，
烤約30-35分鐘，烤至8分熟，保溫備用。

2 將材料Ⓐ放入鍋中，用中火加熱熬煮至約
134-140℃。

3 將蛋白霜粉、水攪拌打至濕性發泡，再慢慢
分次沖入作法②糖漿，快速攪拌至乾性發泡。

4 分次加奶油、白巧克力攪拌融合，加入奶
粉、抹茶粉充分混合拌勻，並用刮板刮淨附著
攪拌缸內壁的糖團。

5 倒入糖果盤中稍揉拌，加入烤好杏仁粒，用
烤焙布均勻揉壓。

6 將揉壓均勻牛軋糖連同烤焙布攤開壓平，不
留縫隙的填滿壓平，待稍涼，趁微溫熱分切成
塊，包裝。

4

在地名物特色糖飴

融合在地食材，傳達名物的特色食趣，
濃濃在地情味，古早味覺食趣，
獨特口感與風味，延續懷舊人情的在地好味！

再加入奶油拌煮融合，繼續拌
煮至約128℃。

加入烤過的白芝麻，再加入南
瓜子，迅速攪拌混合均勻。

PEANUT BRITTLE
| 基本示範 | 南瓜堅果酥糖

〈 材料 〉

Ⓐ 精緻麥芽 280g
　鹽 3g
　細砂糖 90g
　水 120g
Ⓑ 奶油 30g
Ⓒ 熟南瓜子 500g
　熟白芝麻 40g

〈 前置準備 〉

· 糖果盤（約30cm×25cm），
　事先鋪好烤焙布。⇨PP.15
· 將南瓜子、芝麻用烤箱，烤
　至約8分熟，保溫備用。⇨
　P.14
· 把奶油切成小塊放置室溫下
　回溫（使其軟化）備用。

〈 製作 〉

烤堅果

南瓜子、芝麻用烤箱，以上
火150℃／下火150℃，烤約
20-25分鐘，保溫備用。

糖體

將材料Ⓐ放入鍋中，用中火煮
至沸騰。

塑型分切

檯面鋪放好裁開的塑膠袋，倒
入南瓜子酥糖捲成細長條狀。

或平整，用擀麵棍稍擀壓塑型
成片狀。

花生軟糖

大顆花生粒拌以香甜麥芽，
搭配芝麻、海苔等不同口味，
甜而不膩，重新詮釋花生香麥芽甜的好滋味！

〈 材料 〉

Ⓐ 精緻麥芽 350g
   鹽 5g
   二砂糖 150g
   水 100g

Ⓑ 太白粉 50g
   水 50g

Ⓒ 奶油 80g
   熟花生粒 500g
   熟白芝麻 20g

〈 **前置準備** 〉

・ 深盤／糖果盤，事先鋪上烤焙布。⇨P.15
・ 花生粒、白芝麻用烤箱，烤約8分熟，保溫備用。⇨P.14
・ 把玉米粉加水拌勻融解均勻。

〈 **製作** 〉

🍬 **烤堅果**

1

將花生粒、白芝麻用烤箱以上火150℃／下火150℃，烤約15分鐘，保溫備用。

🍬 **軟糖體**

2

將材料Ⓐ放入鍋中，用中火加熱熬煮至沸騰約114-116℃至濃稠。

Point　煮麥芽糖漿的溫度越高，冷卻後的口感越硬；溫度不足或攪拌不夠，做出的製品會黏牙。

3

加入奶油拌煮融合。

4

再邊加入太白粉水邊加熱攪拌均勻至濃稠狀。

Point　拌至與糖漿完全融合、無分離狀才可加入花生、白芝麻。

5

加入作法①拌勻。

🍬 **塑型分切**

6

倒入鋪糖果盤中，用刮皮壓平、整平塑型，趁溫熱時，分切成塊，待冷卻後包裝。

白玉彩晶花生軟糖

結合膾炙人口的蔓越莓、青豌豆、椰奶製作，
Q軟中更添層次感越吃越香，極富特色的新口感。

〈 材料 〉

Ⓐ 細砂糖 50g
　 椰奶 280g

Ⓑ 洋菜粉 4g
　 玉米粉 50g
　 水 60g

Ⓒ 乾燥青豌豆 30g
　 熟花生粒 50g
　 蔓越莓乾 15g
　 椰子粉 30g

〈 前置準備 〉

· 糖果盤（30cm×25cm），事先鋪上烤焙布。⇨P.15
· 花生粒用烤箱，烤約8分熟，保溫備用。⇨P.14
· 把玉米粉及洋菜粉分別先加水拌勻融化。

〈 製作 〉

🐟 烤堅果

花生粒用烤箱，以上火150℃／下火150℃，烤約15分鐘，烤至8分熟，保溫備用。

🐟 軟糖體

玉米粉加水攪拌均勻；洋菜粉加水拌融均勻。

將材料Ⓐ放入鍋中，用中火加熱煮至沸騰。

邊加入洋菜粉水邊拌勻，再淋入太白粉水拌勻，拌煮至濃稠呈透明狀。

取出放置烤焙布上，待稍冷卻，加入熟花生、青豌豆、蔓越莓用刮板混合拌勻。

🐟 塑型分切

用捲壽司的方式捲起成圓條狀，表面沾裹上椰子粉，壓緊塑型，分切成塊，包裝。

食在香甜，好味！

青豆仁軟飴糖。是北港在地名產，早期業者以當地盛產青豆仁研發成。青豆酥脆帶鹹，搭配軟糖的香甜味，加上Q軟的好口感，成為在地著名的名產。不同青豆仁軟糖飴，此款花生軟糖加了椰奶提升風味，別有一番南洋味。

PEANUT BRITTLE 03
軟Q花生貢糖

香甜的麥芽糖，濃郁的花生香，
Q軟酥香的多層次口感，讓人愛不釋口。

〈 材料 〉

Ⓐ 精緻麥芽 350g
　 鹽 5g
　 細砂糖 150g
　 水 280g
Ⓑ 洋菜粉 6g
　 玉米粉 50g
　 水 160g
　 細砂糖 30g
Ⓒ 熟花生粉 280g
　 熟白芝麻 40g
　 熟黑芝麻 40g

〈 前置準備 〉

- 糖果盤（30cm×25cm），事先鋪上烤焙布。⇨P.15
- 花生粉、黑芝麻、白芝麻用烤箱，烤約8分熟，保溫備用。⇨P.14
- 把玉米粉及洋菜粉分別先加水拌勻融化。

〈 製作 〉

🍬 烤堅果

將花生粉、黑芝麻、白芝麻混合拌勻烘烤熟，保溫備用。

🍬 糖體

將材料Ⓐ放入鍋中，用中火加熱熬煮至沸騰約126-128℃。

將作法①倒入作法②中迅速翻拌覆蓋糖漿混拌均勻。

119

4

再將作法③放置烤焙布上，用烤焙布覆蓋輕翻折揉拌勻，覆蓋稍冷卻後壓平，用擀麵棍擀壓成厚度一致長片狀。

5

在擀平的花生糖底部撒上熟黑芝麻（約5g）、熟白芝麻（約5g）。

6

連同烤焙布拉起。

7

捲折起成條狀，壓緊塑型。

🍬 外皮

8 玉米粉加水攪拌均勻；洋菜粉加水攪拌融解均勻。

9

將水、細砂糖放入鍋中，用中火加熱熬煮至沸騰，邊加入洋菜粉水邊拌勻，再淋入太白粉水拌勻至濃稠呈透明狀。

10

取出放置烤焙布上，覆蓋壓平後擀平。

🍬 塑型分切

11

將花生貢糖放置外皮上，翻折包捲起成圓條，表面沾裹熟白芝麻，壓緊塑型，分切成塊，包裝。

PEANUT BRITTLE 04

花生貢糖

在地花生搭配糖體，口感酥鬆不甜不膩，
濃郁的花生香氣中，又帶有淡淡的芝麻香。

〈 材料 〉

Ⓐ 細砂糖 220g
　　麥芽糖 120g
　　水 180g
　　鹽 2g
Ⓑ 熟花生粉 800g
　　熟黑芝麻 30g
　　熟白芝麻 30g

Point　麥芽糖，可使用傳統麥芽或
　　　　精緻麥芽。

〈 前置準備 〉

· 糖果盤（30cm×25cm），事
　先鋪上烤焙布。⇨P.15
· 花生粉、黑芝麻用烤箱（上
　火150℃／下火150℃，烤約
　15分鐘），烤約8分熟，保溫
　備用。⇨P.14

〈 製作 〉

🐟 烤堅果粉

將烤好的花生粉、黑芝麻、白
芝麻混合拌勻烘烤熟，保溫備
用。

糖體

2

將材料Ⓐ放入鍋中，用中火加熱熬煮至沸騰約126-128℃。

Point　簡易判斷法！可將糖液滴入冷水中，若能凝結成軟球狀（可捏成球狀）表示**OK**，可做出一定軟度。

3

將作法①倒入作法②中迅速翻拌覆蓋糖漿混拌均勻。

4

再將作法③放置烤焙布上，用烤焙布覆蓋輕翻折揉拌勻，覆蓋稍冷卻後壓平，用擀麵棍擀壓成厚度一致長片狀。

5

在擀平的花生糖底部撒上熟黑芝麻（約5g）、熟白芝麻（約5g）。

Point　擀折時需要保留點層次感，才會有綿鬆的口感而不會過於紮實。

塑型分切

6

連同烤焙布拉起先稍壓折稍固定，順勢以捲壽司的方式捲折起成條狀，壓緊塑型，分切成塊，包裝。

PEANUT BRITTLE 05

花生翡翠貢糖

由花生、豌豆、芝麻為基底調配，口味調和，
不甜不膩，香濃花生香中，又帶淡淡豌豆鹹香滋味。

〈 材料 〉

Ⓐ 細砂糖 220g
　 麥芽糖 140g
　 水 180g
　 鹽 2g

Ⓑ 熟花生粉 800g
　 熟黑芝麻 20g
　 乾燥青豌豆 100g

Point　麥芽糖，可使用傳統麥芽或
　　　精緻麥芽。

〈 前置準備 〉

- 深盤／糖果盤，事先鋪上烤焙布。⇨P.15
- 花生粉、黑芝麻用烤箱（上火150℃／下火150℃，烤約15分鐘），
  烤約8分熟，保溫備用。⇨P.14

〈 製作 〉

烤堅果粉

將烤好的熟花生粉、熟黑芝麻、青豌豆混合拌勻，保溫備用。

糖體

將材料Ⓐ放入鍋中，用中火加熱熬煮至沸騰約126-128℃。

Point 簡易判斷法！可將糖液滴入冷水中，若能凝結成軟球狀（可捏成球狀）表示OK，可做出一定軟度。

將作法①倒入作法②中迅速翻拌覆蓋糖漿混拌均勻。

再將作法③放置烤焙布上，用烤焙布覆蓋輕翻折揉拌勻，覆蓋稍冷卻後壓平，用擀麵棍擀壓成厚度一致長片狀。

塑型分切

連同烤焙布拉起先稍壓折稍固定。

順勢以捲壽司的方式捲折起成條狀，壓緊塑型，分切成塊，包裝。

PEANUT BRITTLE 06

鹽酥花生貢糖

飽滿的花生、芝麻粒結合麥芽製作，
加入鹽的調和，花生香味十足，淡淡鹹香味道特殊。

〔 材料 〕

Ⓐ 細砂糖 220g
　 麥芽糖 150g
　 水 180g
　 鹽 6g

Ⓑ 熟花生粉 800g
　 熟黑芝麻 50g
　 熟白芝麻 50g

Point 麥芽糖，可使用傳統麥芽或
　　　精緻麥芽。

126

〈 前置準備 〉

· 深盤／糖果盤，事先鋪上烤焙布。⇨P.15
· 花生粉、黑芝麻、白芝麻用烤箱（上火150℃／下火150℃，烤約15分鐘），
  烤約8分熟，保溫備用。⇨P.14

〈 製作 〉

🍬 烤堅果粉

將烤好的花生粉、黑芝麻、白
芝麻混合拌勻烘烤熟，保溫備
用。

🍬 糖體

將材料Ⓐ放入鍋中，用中火加
熱熬煮至沸騰約122-126℃。

將作法①倒入作法②中覆蓋翻
拌混勻，再取出揉拌均勻。

🍬 塑型分切

將作法③放入糖果盤，用刮板
平輕壓、整平塑型。

將花生貢糖分切成塊，包裝。

食在香甜，好味！

貢糖。名稱由來相傳最早源自明代閩南地區，當時民間會製作甜食作為御聖
貢品，故名「貢糖」；另外也有一說，是因為傳統在製作貢糖時，是以搥打
的方式（即「搞」的手法）將糖中的花生粒搥打成粉狀，讓糖體呈現出細緻
的口感，因此又有「搞糖」之稱。早期貢糖為上流社會人士才能品嚐得到的
高級茗點，發展至今成為遠近馳名的金門知名特產。

PEANUT BRITTLE 07

澎湖花生酥

花生粉、花生醬為底精製而成的花生酥，
一層一層結構，香香酥酥，入口即化。

〈 **材料** 〉

Ⓐ 細砂糖 200g　　Ⓑ 熟花生粉 800g
　 麥芽糖 160g　　　 花生醬 100g
　 水 160g
　 鹽 4g

Point　麥芽糖，可使用傳統麥芽或
　　　 精緻麥芽。

〈 **前置準備** 〉

· 深盤／糖果盤，事先鋪上烤焙布。⇨P.15
· 花生粉用烤箱烤約8分熟，保溫備用。⇨P.14

〈 **製作** 〉

烤堅果粉

1 將花生粉放入烤箱，以上火150℃／下火150℃，烤約15分鐘，烤約8分熟。

2 將烤好的花生粉、花生醬混合拌勻，保溫備用。

糖體

3 將材料Ⓐ放入鍋中，加熱煮至成糖液。

4 用中火加熱熬煮至沸騰約122-126℃。

Point　溫度計測試好溫度後，最好立即放入冷水中浸泡，讓附著上面的糖液可隨著水溶化，事後比較容易清理。

5 將作法④倒入作法②中迅速覆蓋，並將材料往中間內撥、翻拌混合均勻。

塑型分切

6 糖果模鋪好烤焙紙。

7 將作法⑤倒入糖果盤中，用刮板平輕壓、整平塑型，分切成塊，包裝。

PEANUT BRITTLE 08

杏仁酥糖

烤得酥脆的杏仁片及芝麻，搭配薄薄糖衣，
口感酥脆帶有淡淡的迷人堅果香氣。

〈 材料 〉

Ⓐ 精緻麥芽 250g
　　細砂糖 150g
　　鹽 4g
　　水 90g
Ⓑ 奶油 40g
Ⓒ 熟白芝麻 100g
　　熟杏仁片 480g

〈 前置準備 〉

- 深盤／糖果盤，事先鋪上烤焙布。⇨P.15
- 杏仁片、白芝麻用烤箱烤8分熟，保溫備用。⇨P.14
- 把奶油切成小塊放置室溫下回溫（使其軟化）備用。

〈 製作 〉

烤堅果

將杏仁片、白芝麻放入烤箱，以上火150℃／下火150℃，烤約20-25分鐘，保溫備用。

糖體

將材料Ⓐ放入鍋中，用中火加熱熬煮至沸騰約126℃。

Point　煮糖漿時以中小火煮，否則容易使糖漿產生褐變導致苦味。過程中可用毛刷沾水刷鍋邊，避免焦黑。

加入奶油拌煮融合，繼續煮至約128℃。

Point　加油脂是為使糖團產生較多油質，製作過程中較好攪拌；也可以用液態油代替奶油，但奶油味道較香濃。

再加入烤過的作法①迅速攪拌均勻。

塑型分切

將作法④倒入糖果盤中，用刮板平輕壓整平，壓密實。

待稍放2-3分鐘後，趁熱分切成塊約長4cm×1cm，完全冷卻後包裝。

Point　用擀麵棍擀壓會過於紮實，口感會硬，用手攤展壓平即可。

Peanut Brittle 09
芝麻堅果酥糖

以芝麻堅果結合麥芽結製作，
香氣濃郁顆粒飽滿，酥脆不甜膩。

〈 材料 〉

Ⓐ 精緻麥芽 250g   Ⓒ 熟黑芝麻 500g
   細砂糖 100g   熟白芝麻 50g
   鹽 4g   熟花生 150g
   水 120g

Ⓑ 奶油 30g

〈 **前置準備** 〉

· 深盤／糖果盤，事先鋪上烤焙布。➪P.15
· 花生、黑芝麻、白芝麻用烤箱，烤約8分熟，或用乾鍋炒過，保溫備用。➪P.14
· 把奶油切成小塊放置室溫下回溫（使其軟化）備用。

〈 **製作** 〉

🐟 **烤堅果**

將花生、黑芝麻、白芝麻放入烤箱，以上火150℃／下火150℃，烤約20-25分鐘，保溫備用。

🐟 **糖體**

將材料Ⓐ放入鍋中，用中火加熱熬煮至沸騰約126℃。

Point 煮糖漿的溫度越高越酥（128℃）；溫度煮的不夠會不容易融合。

加入奶油拌煮融合，繼續煮至約128℃。

Point 加油脂是為使糖團產生較多油質，製作過程中較好攪拌；也可以用液態油代替奶油，但奶油味道較香濃。

再加入烤過的作法①迅速攪拌均勻。

🐟 **塑型分切**

將作法④倒入糖果盤中，用刮板平輕壓整平，壓密實。

待稍放2-3分鐘後，趁熱分切成塊，完全冷卻後包裝。

Point 用擀麵棍擀壓會過於紮實，口感會硬，用手攤展壓平即可。

綜合堅果酥糖

低溫烘烤的堅果香氣，加入微酸甜的蔓越莓襯托，
披覆糖體，香甜酥脆，別有一香滋味。

〈 材料 〉

Ⓐ 精緻麥芽 250g
細砂糖 100g
鹽 4g
水 120g

Ⓑ 奶油 30g
Ⓒ 熟綜合堅果 500g
蔓越莓乾 60g

〈 前置準備 〉

· 深盤／糖果盤，事先鋪上烤焙布。⇨P.15
· 堅果用烤箱（上火150℃／下火150℃，烤約
30-35分鐘）保溫備用。⇨P.14
· 把奶油切成小塊放置室溫下回溫（使其軟化）
備用。

〈 製作 〉

1 將材料Ⓐ放入鍋中，用中火加熱熬煮至沸騰
約126℃，加入奶油拌煮融合，煮煮至約
128℃。

Point 也可以用液態油代替奶油，但奶油味道較香濃。

2 加入烤熟的材料Ⓒ迅速攪拌均勻。

3 倒入糖果盤中刮勻平整，輕壓平，待稍放2-3
分鐘後，趁熱分切成塊，完全冷卻，包裝。

PEANUT BRITTLE 11

花生脆糖

酥脆的糖體加上香氣十足的花生，
吃起來酥脆不甜不膩，入口酥脆口齒留香。

〈 材料 〉

Ⓐ 精緻麥芽 200g
  細砂糖 200g
  鹽 5g
  水 90g

Ⓑ 奶油 20g
Ⓒ 熟白芝麻 100g
  熟花生 150g

〈 前置準備 〉

- 深盤／糖果盤，事先鋪上烤焙布。⇨P.15
- 堅果用烤箱（上火150℃／下火150℃，烤約30-35分鐘）保溫備用。⇨P.14
- 把奶油切成小塊放置室溫下回溫（使其軟化）備用。

〈 製作 〉

1 將材料Ⓐ放入鍋中，用中火加熱熬煮至沸騰約126℃，加入奶油拌煮融合，煮煮至約128℃。

2 加入烤熟的材料Ⓒ迅速攪拌均勻。

3 倒入糖果盤中刮勻平整，輕壓平，待稍放2-3分鐘後，趁熱分切成塊，完全冷卻，包裝。

Point　不需要用擀麵棍擀壓會過於紮實，口感會硬，用手攤展壓平即可。

— 糖飴手藝Plus+ —

製作糖酥類的糖果時，不適合用擀麵棍擀壓糖團，力道控制不好易使糖團過於紮實，失去酥糖該有的酥、脆、鬆的口感。

RICE CRACKER 01
什錦素香米花糖

以膨發米果結合糖漿，搭配什錦乾燥蔬菜製作，
風味獨特，酥脆可口不黏牙，紮實道地的好滋味。

〈 材料 〉

Ⓐ 麥芽糖 100g
　 細砂糖 120g
　 轉化糖漿 110g
　 水 100g
Ⓑ 奶油 30g
　 素蠔油 20g
　 素沙茶醬 30g

Ⓒ 米果 180g
　 乾燥蔬菜丁 80g
　 南瓜子 100g
　 黃玉米脆片 100g
　 枸杞 30g
　 素香芝麻 40g

〈 **前置準備** 〉

- 深盤／糖果盤，事先鋪上烤焙布。⇨P.15
- 堅果用烤箱烘烤過，保溫備用。⇨P.14
- 把奶油切成小塊放置室溫下回溫（使其軟化）備用。
- 素蠔油、素沙茶醬攪拌混合均勻備用。

〈 **製作** 〉

🐟 烤堅果

將所有材料ⓒ放入烤箱，以上火150℃／下火150℃，烤約15分鐘，保溫備用。

Point 米果粒容易因氧化而有油耗味產生，需特別注意。製作米果時，米香盡可能全程都放烤箱中保溫，待混合使用時再從烤箱取出使用。

🐟 糖體

將材料Ⓐ放入鍋中，用中火加熱熬煮至沸騰約100℃。

Point 加入轉化糖漿可使製成的米香成品帶有亮澤感。

加入奶油拌煮融合至約132℃，加入素蠔油、素沙茶醬拌勻。

將作法③倒入烤過材料ⓒ中迅速攪拌均勻，加入枸杞拌勻。

Point 乾燥什錦蔬菜丁，也可改用乾燥杏鮑菇丁來變化。

🐟 塑型分切

倒入深盤中刮勻平整，輕壓平，待降溫後以尺測量、趁熱分切成塊。

Point 判斷米花糖可切製的狀態，往上翻動後會慢慢往下滑動即表示已降溫；反之若是快速的往下滑動即表示尚呈高溫。

香辣烏魚子米花糖

櫻花蝦干貝米花糖

138

RICE CRACKER 02

櫻花蝦干貝米花糖

結合在地食材的特殊風味，融合獨特醬香，
鹹香酥脆、口感極佳，每口都是大大的滿足。

〈 材料 〉

Ⓐ 麥芽糖 100g
　 細砂糖 110g
　 葡萄糖漿 100g
　 水 80g
Ⓑ 干貝醬 110g
　 醬油 35g

Ⓒ 米果 400g
　 櫻花蝦 30g
　 熟花生 100g
　 熟白芝麻 20g
　 柴魚片 10g

〈 前置準備 〉

• 深盤／糖果盤，事先鋪上烤焙布。⇨P.15
• 堅果用烤箱烘烤（上火150℃／下火150℃，烤約15分鐘）保溫備用。⇨P.14
• 把奶油切成小塊放置室溫下回溫（使其軟化）備用。
• 將干貝醬、醬油攪拌混合均勻備用。

〈 製作 〉

1 將材料Ⓐ用中火加熱熬煮至沸騰約100℃，加入干貝醬、醬油拌煮融合至約132℃。

2 將作法①倒入烤過的材料Ⓒ中，迅速攪拌均勻，加入柴魚片拌勻。

3 倒入深盤中刮勻平整，輕壓平，脫模，待降溫後趁熱分切成塊。

Point 也可以將米香餡揉成圓球狀，或填入造型模框中（薄刷油）、壓平塑壓出各式形狀，做造型變化。

RICE CRACKER 03

香辣烏魚子米花糖

使用膨發米果、蕎麥搭配烏魚子醬，
微辣鹹香的好滋味，讓人停不了口的好滋味！

〈 材料 〉

Ⓐ 麥芽糖 100g
　 細砂糖 110g
　 轉化糖漿 100g
　 鹽 2g
　 水 80g
Ⓑ 烏魚子醬 100g

Ⓒ 米果 220g
　 蕎麥米果 80g
　 杏仁條 80g
　 小魚乾 30g
　 熟白芝麻 20g
　 柴魚片 5g
　 紅椒粉 3g

〈 前置準備 〉

• 深盤／糖果盤，事先鋪上烤焙布。⇨P.15
• 堅果用烤箱烘烤（上火150℃／下火150℃，烤約15分鐘）保溫備用。⇨P.14
• 把奶油切成小塊放置室溫下回溫（使其軟化）備用。

〈 製作 〉

1 將材料Ⓐ放入鍋中，用中火加熱熬煮至沸騰約100℃，加入烏魚子醬拌煮融合至約132℃。

2 將作法①倒入烤過的材料Ⓒ中，加入紅椒粉迅速拌勻，加入柴魚片拌勻。

3 倒入深盤中刮勻平整，輕壓平，脫模，待降溫後趁熱分切成塊。

香蔥米花糖

米果、大麥米果結合糖漿，加上香氣十足的調味，
獨特的風味，片片香脆爽口入味，最佳嘴饞零嘴。

〈 材料 〉

Ⓐ 麥芽糖 100g
　 細砂糖 80g
　 轉化糖漿 90g
　 鹽 8g
　 水 60g
Ⓑ 奶油 25g

Ⓒ 米果 250g
　 大麥米果 100g
Ⓓ 乾燥蔥末 30g
　 油蔥酥 50g
　 熟白芝麻 20g
　 黑胡椒粉 1g

〈 前置準備 〉

· 深盤／糖果盤，事先鋪上烤焙布。⇨P.15
· 堅果、米果、大麥米果用烤箱烘烤（上火150℃
　／下火150℃，烤約15分鐘）保溫備用。⇨P.14
· 把奶油切成小塊放置室溫下回溫（使其軟化）
　備用。

〈 製作 〉

1 將材料Ⓐ放入鍋中，用中火加熱熬煮至沸騰
約100℃，加入奶油拌煮融合至約132℃。

2 將作法①倒入烤過的材料Ⓒ中，迅速攪拌均
勻，加入材料Ⓓ混合拌勻。

3 倒入深盤中刮勻平整，輕壓平，脫模，待降
溫後趁熱分切成塊。

── 糖飴手藝Plus+ ──
做好的米香製品，在密封包好裝入
保鮮盒（或夾鏈袋），可再放乾燥
劑一起保存，能延長保存期限。

RICE CRACKER 05

歐蕾米花糖

香濃牛奶糖醬與淡淡的咖啡香氣，
滿滿牛奶糖香的香甜滋味，香酥脆口的小幸福！

〈 材料 〉

Ⓐ 麥芽糖 110g
　 轉化糖漿 90g
　 牛奶糖醬 80g
　 鹽 5g
　 水 80g

Ⓑ 咖啡粉 8g
　 奶油 20g

Ⓒ 米果 280g
　 大麥片 60g
　 杏仁條 100g
　 熟白芝麻 20g

〈 製作 〉

1 將材料Ⓐ放入鍋中，用中火加熱熬煮至沸騰約100℃，加入奶油拌煮融合至約132℃，加入咖啡粉拌煮均勻。

2 將作法①倒入烤過的材料Ⓒ中，迅速攪拌混合均勻。

Point　米果粒容易因氧化而有油耗味要特別注意。製作米果時，米香盡可能全程都放烤箱中保溫，待混合使用時再從烤箱取出使用。

3 倒入深盤中刮勻平整，輕壓平，脫模，待降溫後趁熱分切成塊。

〈 前置準備 〉

· 深盤／糖果盤，事先鋪上烤焙布。⇨P.15
· 堅果、米果用烤箱烘烤（上火150℃／下火150℃，烤約15分鐘）保溫備用。⇨P.14
· 把奶油切成小塊放置室溫下回溫（使其軟化）備用。

HANDMADE CANDY

自己做100％真材實料，
待客・送禮・表心意・夠禮數，
實惠、體面更具心意！

親手為特別的日子留下難忘的回憶，
不論款待分享，或年節送禮，
手作糖果表心意，最特別的精緻好禮。

SNACK & CANDY

TOFFEE CRISP

CHEWY CANDY

SOFT CANDY

MILK CANDY

NOUGAT

PEANUT BRITTLE

RICE CRACKER

國家圖書館出版品預行編目（CIP）資料

林宥君 創意食趣手作糖果全書／林宥君著 . -- 初版 .
 -- 臺北市：原水文化出版：家庭傳媒城邦分公司發行，
 2020.11
　　面；　公分 . -- (烘焙職人系列；7)

 ISBN 978-986-99456-5-3（平裝）

 1. 點心食譜　2. 糖果

427.16   109016652

烘焙職人系列 **007**

林宥君 創意食趣手作糖果全書

作　　　　者／	林宥君
特 約 主 編／	蘇雅一
責 任 編 輯／	潘玉女

行 銷 經 理／	王維君
業 務 經 理／	羅越華
總 　 編 　 輯／	林小鈴
發 　 行 　 人／	何飛鵬
出 　 　 　 版／	原水文化
	台北市民生東路二段 141 號 8 樓
	電話：02-25007008　　傳真：02-25027676
	E-mail：H2O@cite.com.tw　Blog：http:citeh2o.pixnet.net/blog/
	FB 粉絲專頁：https://www.facebook.com/citeh2o/
發 　 　 　 行／	英屬蓋曼群島商家庭傳媒股份有限公司城邦分公司
	台北市中山區民生東路二段 141 號 11 樓
	書虫客服服務專線：02-25007718・02-25007719
	24 小時傳真服務：02-25001990・02-25001991
	服務時間：週一至週五 09:30-12:00・13:30-17:00
	讀者服務信箱 email：service@readingclub.com.tw
劃 撥 帳 號／	19863813　戶名：書虫股份有限公司
香 港 發 行 所／	城邦（香港）出版集團有限公司
	地址：香港灣仔駱克道 193 號東超商業中心 1 樓
	Email：hkcite@biznetvigator.com
	電話：(852)25086231　　傳真：(852) 25789337
馬 新 發 行 所／	城邦（馬新）出版集團
	41, Jalan Radin Anum, Bandar Baru Sri Petaling,
	57000 Kuala Lumpur, Malaysia.
	電話：(603) 90578822　　傳真：(603) 90576622
	電郵：cite@cite.com.my

美 術 設 計／	陳育彤
攝 　 　 影／	周禎和
製 　 　 版／	台欣彩色印刷製版股份有限公司
印 　 　 刷／	卡樂彩色製版印刷有限公司

城邦讀書花園
www.cite.com.tw

初 　 版／	2020 年 11 月 17 日
定 　 價／	520 元

ISBN　978-986-99456-5-3